Carlos Torres

Teorética praxiológica ambiental desde el enfoque comunitario

Carlos Torres

Teorética praxiológica ambiental desde el enfoque comunitario

Concienciacion social sobre el uso de agroquímicos

Editorial Académica Española

Cover image: www.ingimage.com

Publisher:
Editorial Académica Española
is a trademark of
International Book Market Service Ltd., member of OmniScriptum Publishing Group
17 Meldrum Street, Beau Bassin 71504, Mauritius
Printed at: see last page
ISBN: 978-620-0-41863-0

Zugl. / Aprobado por: Investigación que tuvo como objetivo general construir escenarios de concienciación en el uso de agroquímicos en las unidades de producción agrícola familiar en el sector el guayabo de municipio Achaguas del estado Apure, Venezuela

AGRADECIMIENTOS

Mi agradecimiento a todos los entes, personas e instituciones que contribuyeron para hacer posible la realización de la presente producción intelectual:

A Dios todo poderoso, Padre Omnipotente y omnipresente, a quien es el poder y la gloria por los siglos de los siglos...

A Doña Marlene Josefina Ramírez, mi Madre adorada.

A Mariangel Vargas, mi Esposa

Al Doctor José Francisco Castillo Tutor del trabajo doctoral.

A Yorman Guillermo Mantilla, por su apoyo incondicional

A los facilitadores del Doctorado en Ambiente y Desarrollo de la UNELLEZ.

A mis pares de estudio de la III Cohorte del Doctorado en Ambiente y Desarrollo.

A la ilustre Universidad Nacional Experimental de los Llanos Occidentales Ezequiel Zamora.

A todos aquellos que por razones de memoria, no avizoro en este momento.

Mi agradecimiento noble.

Carlos Andrés.

DEDICATORÍAS

A Dios porque a él dedico toda mi vida...

A la memoria de mis antepasados:

Lucia Mercedes Ramírez, mi siempre recordada abuela materna y mi tío Ramón Heriberto Ramírez.

A Mariangel Gómez, mi compañera de vida.

A Andrea Ramos, mi consanguínea

A mis compañeros de trabajo en la Misión Sucre

Carlos Andrés

Índice

PRELIMINARES Pág.

Índice de gráficos y cuadros

RESUMEN

La teorética praxiológica ambiental desde el enfoque comunitario para la concienciación social sobre el uso de agroquímicos, es el título de esta investigación que tuvo como objetivo general busca construir escenarios de concienciación en el uso de agroquímicos en las unidades de producción agrícola familiar en el sector el guayabo de municipio Achaguas del estado Apure. La intención investigativa del autor, atiende a la Línea de Investigación: Educación Ambiental, del Doctorado en Ambiente y Desarrollo de la UNELLEZ. Su marco teórico referencial se apoya en las teorías del Desarrollo Sustentable, Pedagogía Constructivista, Neohumanista, Ecológica de Sistemas y Ecosocialista. Metodológicamente es un trabajo imbricado al paradigma postpositivista, cualitativo, bajo el método fenomenológico con apoyo en la hermeneusis. La recolección de la información se realizó en el sector El Guayabo, municipio Achaguas del estado Apure (el ahí de la situación contextualizada) mediante la técnica de la entrevista en profundidad y otras recurrentes como el fotografiado y, la audio grabación. Los actores informantes (el ser) fueron cinco jefes de familia en unidades familiares del sector "up supra" mencionado, quienes aportaron información sobre sus experiencias, creencias, motivaciones y aspiraciones en torno a la temática que se les ha planteado. Para la interpretación de la información, se aplicó las técnicas propias de los diseños cualitativos, vale decir, categorización, estructuración y triangulación. Los hallazgos han sido presentados mediante la técnica hologramática; Se precluye informando la utilidad de hacer aportes a las comunidades en cuanto a los procesos de concienciación sobre el uso de agroquímicos.

Descriptores: Ambiente, Desarrollo Sustentable, Comunidad, Concienciación Social, Agroquímicos

SUMMARY

The environmental praxiological theory from the community approach for social awareness about the use of agrochemicals is the title of this research whose general objective seeks to build awareness scenarios in the use of agrochemicals in family agricultural production units in the sector el Guayabo from the Achaguas municipality of Apure state. The investigative intention of the author, attends the Research Line: Environmental Education, of the Doctorate in Environment and Development of UNELLEZ. Its referential theoretical framework is supported by the theories of Sustainable Development, Constructivist Pedagogy, Neohumanist, Ecological Systems and Ecosocialist. Methodologically it is a work embedded in the postpositivist, qualitative paradigm, under the phenomenological method supported by hermeneusis. The information was collected in the El Guayabo sector, Achaguas municipality of the Apure state (the contextualized situation there) through the in-depth interview technique and other recurring techniques such as photographed and audio recording. The informant actors (the being) were five heads of family in family units of the aforementioned "up supra" sector, who provided information about their experiences, beliefs, motivations and aspirations regarding the issue that was raised. For the interpretation of the information, the techniques of qualitative designs were applied, that is, categorization, structuring and triangulation. The findings have been presented using the hologram technique; It is concluded by informing the usefulness of making contributions to the communities regarding the processes of awareness about the use of agrochemicals.

Key words: Environment, Sustainable Development, Community, Social Awareness, Agrochemicals.

INTRODUCCION

Las discusiones sobre los diversos proyectos de ciudadanía que se trazan los Estados, tienen uno de sus aspectos más resaltantes, en los mecanismos para lograr la concienciación de las poblaciones en cuanto a los efectos que pueden producir en la salud humana la exposición a sustancias químicas. En efecto, sabido es que el tema de los agroquímicos se ha instalado en la sociedad planetaria. El uso de agroquímicos, como toda situación donde los intereses económicos están en juego, y siendo que los países menos desarrollados y más pobres suelen ser "territorio de ensayo" o plazas de comercialización de estos productos, anticipa que el abordaje del mismo dista de ser sencillo.

No obstante, lo que si resulta consecuente es que la utilización de los productos agroquímicos y su almacenamiento sin el debido control ni precauciones está provocando severos trastornos en la salud de la población humana, además de enormes daños a la biodiversidad animal-vegetal y genéricamente al ambiente. Así las cosas, el aumento de los riesgos durante la aplicación de productos agroquímicos, generalmente resulta inherente a la falta de información, conocimiento, conciencia, y la escasa supervisión durante su distribución, venta y aplicación. Demás está decir, la mayor parte de estos productos son altamente tóxicos.

Sobre tales particularidades, de los productos agroquímicos, Lizárraga (2019) señala "...al igual que la industria de armamentos o medicamentos, los productos agrícolas tóxicos mueven grandes intereses y nos plantea una lucha difícil pero que poco a poco debemos ir librando para lograr mejorar la calidad de vida de las personas" (p. 1), haciendo ver que en efecto, los productos agroquímicos son sustancias químicas o mezclas que pueden provocar efectos nocivos cuando penetran en el organismo. De por sí, sostiene que "...se considera que hay 6 millones de productos potencialmente tóxicos que fueron creados en el siglo XX de los que se usan unas 100.000 sustancias con efectos cancerígenos y sólo en un 10% se conocen sus efectos a mediano plazo" (Ob. cit. p. 1).

Tal situación, justifica que actualmente haya una creciente preocupación por los problemas de contaminación que se generan en el contexto periurbano y rural productivo, que además está sujeto a dinámicas territoriales complejas, haciéndose cada vez más difícil para los pequeños productores ser eficientes en su labor y por ende entrar en el mundo de la competitividad, por lo tanto, la adopción de una praxiología ambiental intencionada a la formación de escenarios de desarrollo sustentable puede contribuir a la solución de esta problemática en el mediano y largo plazo.

A *"grosso modo"* se tiene que a nivel planetario y sobre todo en los países en desarrollo, hay un escaso control por parte de las autoridades sobre el tema, al punto que se da el caso de zonas pobladas donde el agua aparece contaminada con partículas procedentes del suelo agrícola (metales pesados–arsénico), derivados de la aplicación de productos agroquímicos. Por tanto, un primer paso tendría que ver con los gobiernos: nacional, regionales y municipales, los cuales, deberían asumir los roles y la responsabilidad de coordinar e implementar en forma articulada, los correspondientes programas preventivos. Como así también los niveles de gobiernos propiamente local (Consejos Comunales y Comunas), teniendo en cuenta que estos tienen la potestad para regular el uso de los productos agroquímicos en sus respectivos territorios.

Obviamente que la problemática se complejiza enormemente en virtud del sinnúmero de variables e intereses involucrados en el asunto, por lo cual, todo análisis que se efectúe no debería reducirse a lo meramente normativo, sino que se debe hacer un abordaje integral de la situación, y en razón de ello, negarse "per se" a ignorar la preponderancia y el peso que en lo económico-social-ambiental, tiene el que se aporten soluciones que busquen compatibilizar las variables en juego, ponderando las mismas según su nivel de importancia para lograr construir una teorética praxiológica ambiental desde el enfoque sociocomunitario para la concienciación sobre el uso de agroquímicos en las unidades de producción agrícola familiar desde el sector El Guayabo del municipio Achaguas del estado Apure en la República Bolivariana de Venezuela.

Relacionado con lo anterior, se ha desarrollado la presente producción Doctoral a los efectos de hacer un acercamiento a la realidad en estudio mediante la descripción de la naturaleza del fenómeno y la contextualización de la situación problemática de tal manera que se devele la apreciación de los actores sociales en cuanto a los derechos del ambiente y sus componentes, así como la visión que tienen con relación al uso de agroquímicos en sus unidades de producción agrícola familiar y que se desprende de ello. Igualmente, se busca conocer el grado interés que tienen los habitantes del sector El Guayabo, para qué desde el enfoque sociocomunitario se promocione la concienciación para el uso racional de agroquímicos. Todo ello, mediante un argumento procedente, sustentado en la praxiología ambiental.

Al respecto, se desarrolló la producción doctoral así: momento I contentivo de la naturaleza del fenómeno; contextualización de la situación problemática; propósitos de la investigación y la relevancia del estudio. En el momento II, están las investigaciones previas; teorías referenciales; constructos teóricos y el contexto legal del estudio. En el momento III, se estableció el horizonte epistemológico-metodológico. Luego en el momento IV, se presenta la información desprendida del discurso de los informantes clave y el tratamiento hermenéutico dado a dicha información para llegar a los hallazgos, y finalmente, en el momento V, se presenta el corpus correspondiente a la teorética praxiológica ambiental desde el enfoque comunitario para la concienciación social sobre el uso de agroquímicos.

MOMENTO I
ACERCAMIENTO A LA REALIDAD EN ESTUDIO

Naturaleza del fenómeno

Desde las primeras agrupaciones comunitarias y principios de la civilización, la agricultura ha sido factor determinante en los modos de producción primaria, como forma de asegurar la subsistencia del ser humano. Por ello, no se puede considerar a la agricultura como un simple hito histórico para la humanidad, dado que como actividad antrópica ha significado la transformación y/o modificación parcial o en otros casos, total de los ecosistemas naturales del planeta. De por sí, el manejo manual de la tierra, mediante el uso de herramientas rudimentarias; la aplicación de técnicas de recogida y almacenamiento de aguas, la necesidad capital de incrementar los niveles de productividad en los cultivos, el control de plagas y enfermedades, han llevado a que la industria agroquímica, asuma paulatinamente el protagonismo en la actividad agrícola a pequeña y gran escala.

El antiguo y preclaro arte de cultivar la tierra, conocido como “agricultura” ha sido la actividad creativa mediante la cual, las épocas más importantes de la sociedad planetaria han impreso auténtica fisonomía a la humanidad. Esta fisonomía, se refleja en el modo de ser las culturas y en las actitudes espirituales de cada pueblo. En tal sentido, el conocimiento del proceso de desarrollo de las actividades agrícolas, aletargado en algún tiempo y vertiginoso en otro, proporciona elementos de juicio suficientes para comprender la constitución de una estructura agraria diferenciada con el paso de los años, pero que ha resultado básica para establecer una concepción que permita entender los problemas que han surgido con el correr de los siglos y que han interferido en el “*desiderátum* “ que todos los pueblos alcancen el mayor bienestar posible.

La reflexión previa, permite mover la noesis para intentar hacer una síntesis de la evolución del mundo, bajo parámetros que lleven a explicar cómo la emergencia de la agricultura y de la ganadería, y más recientemente de la revolución industrial, ha modificado y sigue modificando el estilo de vida de las sociedades. Al respecto, cabe preguntarse ¿el nacimiento de la agricultura fue tan importante que cambió la historia? ¿Por qué? El Servicio de Información Agroalimentaria y Pesquera mexicano (SIAP 2019), responde a estas interrogantes en los términos siguientes:

> Esto ocurrió hace más de diez mil años, y no fue en un solo lugar, la agricultura se desarrolló de manera independiente en varios puntos del planeta: en Mesopotamia y Egipto, donde se cultivó trigo y cebada; en Mesoamérica, con el maíz y el este de Asia, con el arroz. En esta época nació el comercio, ya que lo que sobraba de las cosechas se intercambiaba por otros productos. A partir del comercio también inició la división del trabajo, es decir, que las personas se fueron especializando en sus actividades. Poco a poco, la población fue en aumento y cada día se requerían de más y más variados alimentos. La agricultura también hizo que la ciencia y la tecnología avanzaran. Por ejemplo, durante los primeros años el hombre utilizó a animales y utensilios hechos con madera y piedras para trabajar el campo. Poco a poco se fueron creando herramientas más modernas y poderosas, como los tractores. (p. 1)

Esa evolución de la agricultura iniciada hace más de diez mil años, ha traído consecuencias que se reflejan en los modos de producción de las sociedades, pues, más allá de los grandes avances tecnológicos agrícolas, en la actualidad, todavía existen comunidades que siguen utilizando técnicas y herramientas tradicionales empleadas desde la antigüedad para cultivar la tierra y producir alimentos. De allí que existan dos formas de trabajar el campo: la forma artesanal y la forma convencional. A la forma artesanal se le identifica como agricultura extensiva y a la convencional agricultura intensiva. En este sentido surge la interrogante ¿Cuáles son sus diferencias?

Básicamente, la agricultura extensiva o artesanal, se le llama así porque necesita de una extensión mayor tierra para producir una cantidad determinada de alimentos, esto es, porque usa los recursos naturales del lugar (como abonos orgánicos para fertilizar la tierra, por ejemplo), y en algunas ocasiones no cuenta con el agua de un sistema de riego, sino que depende de los ciclos de la naturaleza (lluvias). En este tipo de agricultura ordinariamente, un campesino, que suele ser ayudado por su familia, hace todas las tareas: prepara la tierra, siembra las semillas, cuida el cultivo quitándole las malezas y poniendo el abono, recoge la cosecha, limpia el terreno y, selecciona, recoge y conserva las mejores semillas para plantarlas en el siguiente ciclo de siembra.

Además, los hombres y mujeres que trabajan el campo, bajo la modalidad de agricultura extensiva o artesanal, usan la mayor parte de su cosecha para alimentar a sus familias y sus animales, vendiendo sólo una porción para ganar dinero con el cual cubren otras necesidades. De cada cosecha, se seleccionan las mejores semillas para plantarlas el siguiente ciclo, por lo que una primera aproximación al concepto de "agricultura extensiva o artesanal", hace que se perciba esta actividad como "ecológica", ya que como lo refiere el SIAP (2019), "...Aunque su productividad es baja, esta agricultura aprovecha el medio ambiente y va con los tiempos de la naturaleza. Generalmente produce una cosecha por año aprovechando el ciclo de las lluvias" (p. 1).

La práctica de la agricultura extensiva o artesanal, caracterizó, la producción de alimentos en el mundo hasta el siglo XX, cuando los avances de la ciencia y la tecnología trajeron consigo el empleo de técnicas para la introducción de elementos exógenos a la realidad local, dando origen a la agricultura "intensiva o moderna", Este tipo de agricultura es el que produce hoy por hoy la comida de la mayoría de la población en todo el mundo. Se caracteriza por el uso intensivo de la tierra, ya que se cultiva dos veces al año, además emplea fertilizantes y pesticidas químicos, así como máquinas y sistemas de riego. En tanto, necesita de menos cantidad tierra para producir una misma cantidad de alimento que el obtenido en la agricultura extensiva.

Al mismo tiempo, las tierras que ocupa la agricultura intensiva, suelen ser inmensas, generalmente mayores a cien hectáreas (h), y en muchas de ellas se han instalado sistemas de riego. Además, la agricultura intensiva se caracteriza por la compra de semillas para plantar, y entraña el uso de productos agroquímicos como "herbicidas, insecticidas y fertilizantes". La productividad de la agricultura intensiva es alta, al punto que muchos afirman: gracias a la agricultura convencional se pueden cubrir las necesidades alimenticias del mundo. Por otra parte, desde el punto de vista de trabajo, también se le endosa el que "...da empleo a muchos trabajadores agrícolas" (SIAP. 2019. p. 1) y en nombre de la ciencia hay quienes afirman "...la existencia de científicos que se dedican a analizar y hacer más eficientes los cultivos y los métodos agrícolas" (ob. cit. p. 1).

Lo planteado en precedente, lleva a reflexionar sobre las ventajas y desventajas de cada uno de los tipos de agricultura en cuanto a los beneficios para el ser humano, ya que cada vez, es más importante profundizar en la discusión (entre todas las disciplinas, sociales, médicas, agrícolas, químicas) sobre la gravedad del estado en que se encuentra el mundo en materia agraria. Esto es, porque desde la década de los años setenta del siglo pasado, se ha modificado sustancialmente el panorama agrícola, principalmente el de la producción, desde la introducción en los países en desarrollo del concepto de "revolución verde" con sus semillas híbridas, transgénicos, y el uso intensivo (más bien excesivo) de agroquímicos (agrotóxicos) para los diferentes cultivos.

Empero, si bien es cierto, que con la "revolución verde" se pretendió reducir los niveles de pobreza y producir desarrollo a los países menos industrializados, pero poseedores de una inmensa diversidad natural, hoy día como lo señala Ortega (2009) "...se continua ahora vendiendo "espejitos por oro", pero de color verde, porque lo único que hicieron las corporaciones transnacionales fue el saqueo permanente a la tierra" (p. 3). Es decir, el incremento de la productividad agrícola y por tanto de alimentos que entre 1960 y 1980 se dio en Estados Unidos para después extenderse por otros países, considerado en un principio como un gran avance en la investigación y en la satisfacción de necesidades básicas para el mundo, trajo por otra parte consecuencias nefastas, como "...la perdida en gran medida de la biodiversidad agrícola" (García y Serrano. 2011. p. 1).

Durante el último medio siglo, los Estados del orbe (sobre todo los países del cono sur) han sido intervenidos mediante "políticas desarrollistas" basadas en la intensa explotación de la naturaleza y en la exportación de recursos ambientales con bajo valor agregado. Consecuentemente, sectores como el agronegocio y la agricultura intensiva se han fortalecido con esta situación. Tal escenario ha significado el avance de las fronteras agrícolas, provocando una serie de injusticias ambientales e impactos sobre la salud de la población campesina, pues, tal y como lo señala el Movimiento Mundial por los Bosques Tropicales (2018):

> el modelo de producción del agronegocio se caracteriza por la expansión de los monocultivos, por la concentración de tierras, por la mecanización de la producción, por la proletarización de las poblaciones del campo y por el uso intensivo de fertilizantes químicos y agrotóxicos que han llevado a afectar la salud de los trabajadores y producir transformaciones territoriales derivadas de ese modelo de producción. (p. 1).

En atención a ese escenario, distintas instancias internacionales como la Organización de las Naciones Unidas para la Alimentación y la Agricultura (FAO); Organización Mundial de la Salud (OMS); Organización Panamericana de la Salud (OPS); Movimiento Mundial por los Bosques Tropicales; Coordinadora Latinoamericana de Organizaciones del Campo– Vía Campesina (CLOC VC), otras, desarrollan desde hace más de quince años, estudios e investigaciones referentes a los impactos sobre el ambiente y la salud de las poblaciones que viven en áreas de uso de agroquímicos.

El foco principal de estas investigaciones han sido los sectores rurales que desde el advenimiento de la "revolución verde", son víctimas de posturas políticas que los han transformado en polos agrícolas donde"...el avance del agronegocio (y consecuentemente de los monocultivos) viene provocado violentos procesos de desterritorialización y desencadenado tensiones sobre el modo de vivir y producir de las comunidades locales" (Rocha y Rigotto. 2017. p. 67). En general, tal y como lo señala el Movimiento Mundial por los Bosques Tropicales (2018)" ...los resultados de las investigaciones han mostrado un grave cuadro de contaminación ambiental y humana por agrotóxicos y la profundización de problemáticas sociales capaces de repercutir sobre el ambiente, el trabajo y la salud de la población" (p. 1).

Las consecuencias negativas de los procesos de injusticia ambiental recaen de manera desproporcional sobre las poblaciones más vulnerables y, consecuentemente, sobre las familias rurales, por tanto, necesaria resulta la planificación, formulación y ejecución de políticas sociales que abarquen a los sectores público y privado de manera profiláctica, en cuanto a la exposición e impactos de los agroquímicos en la salud de las personas. Por otra parte, considerando las desigualdades sociales, es necesario poner la atención en las formas en que la organización, la división y la precarización del trabajo en la cadena productiva del agronegocio han impactado sobre la salud de las personas.

En efecto, uno de los factores agravantes de las condiciones del trabajo desempeñado por las familias rurales, es la convivencia con productos químicos desconocidos y con agrotóxicos, característica del modelo agrícola basado en lo intensivo. Esto implica, lo obligatorio de estar alerta, ya que como lo exponen Carneiro *et al* (2015) "...entre los impactos sobre la salud relacionados al proceso productivo del agronegocio, los de mayor relevancia para la salud humana y ambiental son las contaminaciones y las intoxicaciones agudas y crónicas relacionadas a la aplicación de agrotóxicos" (p.109).

Las reflexiones anteriores, permiten inferir, que los agroquímicos usados en las unidades de producción agrícola para el control de plagas y malezas, así como los fertilizantes y aditivos destinados a maximizar el rendimiento de las cosechas y mejorar la calidad del suelo, poseen una potencial incidencia en la dimensión ambiental y en la salud de las personas y animales. En tal sentido, una primera preclusión sobre este tema, puede señalarse en la proposición: el mal uso de estos agroquímicos produce contaminación en suelos y aguas, tanto superficiales como subterráneos. Por tanto, es menester que se deba controlar su empleo, por parte de los sectores público y privado inmersos en el tema con la participación de todos los entes involucrados: importadores, comercializadores, productores, fabricantes, agricultores, comunidades rurales, entre otros.

Al día de hoy, diversos actores relacionados con la producción, comercialización y usos de agroquímicos, coinciden en la aceptación que los productos agroquímicos deben tener un respaldo técnico y jurídico, puesto que muchas empresas utilizan esos materiales como base de su actividad económica. También se debe atender a los procesos de capacitación de los agricultores, ya que a veces el uso previsto en la etiqueta del agroquímico dice que se lo debe usar solo en determinados cultivos, pero ellos, lo utilizan en general. En tanto, se debe aumentar el control en la comercialización de estos productos para que el agricultor solamente los utilice de la forma que indica su prospecto.

En ese orden y dirección, sobre el uso de agroquímicos en jardines de zonas urbanas, cabe advertir que estos productos son de uso agrícola, exclusivamente, y que no se los debe utilizar en ningún medio urbano porque podrían intoxicar a las personas. Por otro lado, se tiene que algunos agroquímicos muy peligrosos, son aun ampliamente utilizados en algunos países, lo que ha traído como consecuencia el desequilibrio del ambiente natural. Es decir, el mundo moderno observa, como el uso intensivo y abusivo de agrotóxicos, se encuentra protegido por condiciones de desidia social como la falta de educación, la poca información y, la comunicación ineficiente sobre los riesgos que encierran estos productos, dificultándose la concienciación de las trabajadoras, trabajadores y de la población en general sobre este problema de orden socioambiental. Al respecto, investigaciones como las de Rocha y Rigotto (2017); han verificado que las poblaciones objeto de estudio (participantes),

> no sabían identificar a cuáles productos químicos eran expuestos, pero todos se quejaron de sentir el olor de los productos y dijeron que, dependiendo de la actividad en la cual eran alocados (sic), podían sentir los efectos de la exposición a los agrotóxicos en el cuerpo" (p. 69)

En tal sentido, reflexionar sobre el proceso salud-enfermedad de las personas que viven en un mundo impactado por los agrotóxicos, exige comprender no solo su participación en el mundo del trabajo productivo, sino también percibir cómo la esfera productiva se articula con la reproducción social de la vida. De allí que resulte valido, referir que para los productores agrícolas, los agroquímicos han sido a la vez una bendición y una maldición. ¿Por qué? En primer lugar, porque los agroquímicos introducidos en el sistema productivo del sector primario, permitieron a los agricultores controlar una serie de plagas perniciosas.

En segundo orden, estos agregados químicos han desempeñado un papel fundamental en la historia del crecimiento económico de este sector, ya que son los responsables del repunte inicial de productividad que ha permitido a los campesinos en cierta medida, pasar de la agricultura de subsistencia a la producción comercial, elevando significativamente los ingresos de las familias rurales, por lo que, los agricultores se resisten a abandonar los productos agroquímicos sobre los que parece haberse edificado su sustento. Pero, el problema ha radicado en que los beneficios económicos derivados del uso de agroquímicos han tenido un alto costo humano a nivel mundial. De por sí, la OMS (2018) reporta que:

> 40 de cada 100.000 personas mueren cada año por el contacto con plaguicidas y también se registran 40 casos anuales de intoxicaciones por cada 100.000 personas, mientras que 40 de cada 1000 pobladores del medio rural sufren intoxicaciones por plaguicidas que no son comunicadas a las autoridades sanitarias" (p. 1).

Los datos expuestos por la OMS, resultan relevantes, si se considera que en el mundo son utilizados cotidianamente "...más de 1000 plaguicidas para evitar que las plagas estropeen o destruyan los alimentos" (ob. cit. p.1), de los cuales, cada uno presenta propiedades y efectos toxicológicos disimiles. Muchos de los agroquímicos más bisoños y de bajo costo que ya no están protegidos por patentes ni legislaciones, como el diclorodifeniltricloroetano (DDT) y el Lindano, por ejemplo, han tenido la capacidad residual para permanecer durante mucho tiempo en el suelo y el agua. Estas sustancias, están prohibidas en los países signatarios del Convenio de Estocolmo de 2011, como medida para la eliminación o restricción de la producción y utilización de contaminantes orgánicos persistentes.

En el orden y dirección del argumento que se viene realizando, cabe destacar que la toxicidad de un agroquímico, está en dependencia de su función y de otros factores. Así, por ejemplo: insecticidas resultan ser más tóxicos para el ser humano que los herbicidas. Igualmente, estos productos pueden causar efectos diversos dependiendo de la dosis, es decir, la cantidad a la que se exponga la persona y el otro factor determinante es la vía por la cual produce la exposición: ingesta, inhalación o el contacto cutáneo. Según la OMS (2018):

> Ningún plaguicida cuyo uso en alimentos comercializados a nivel internacional ha sido autorizado causa efectos genotóxicos (es

> decir, no dañan el ADN de modo que puedan producirse mutaciones o cáncer). Los efectos adversos de estos plaguicidas solo se producen a partir de determinado nivel de exposición. Cuando una persona entra en contacto con grandes cantidades de uno de estos productos, puede presentar una intoxicación aguda y sufrir efectos adversos a largo plazo, entre ellos cáncer y trastornos de la reproducción. (p. 1)

Por otra parte, la OMS (2018), ha sentenciado que los agroquímicos son "...una de las principales causas de muerte por intoxicación voluntaria, sobre todo en los países de ingresos intermedios y bajos" (p. 1). Dejando ver que estos productos son intrínsecamente tóxicos y su aplicación deliberada lleva a que se propaguen en el ambiente, por lo que señala que su "... producción, distribución y utilización debe regirse por un control y una reglamentación estrictos. Además, es necesario hacer un seguimiento regular de sus residuos en los alimentos" (p. 1). En tal sentido, se busca con esa postura cumplir dos objetivos:

> - Hacer que se prohíban los plaguicidas más tóxicos para el ser humano y los que permanecen durante más tiempo en el medio ambiente;
> - Proteger la salud pública mediante el establecimiento de límites máximos de residuos de los plaguicidas en los alimentos y el agua. (ob. cit. p. 1)

Por su parte, Mehsen (2019) ha expuesto:

> entre las principales causas que originan los problemas ambientales están las siguientes: actividades del hombre o de toda la humanidad;...el uso de clorofluorocarbonados; tecnología convencional contaminante; la quema de combustibles fósiles; la agricultura convencional; la generación de basura o residuos sólidos; Oros problemas ambientales como la deforestación, los incendios forestales, certificación, erosión, pérdida de biodiversidad, contaminación ambiental, fenómenos naturales..." (p. 59)

Haciendo ver que las personas que corren más riesgo son las que están directamente expuestas a los agrotóxicos, es decir, los trabajadores agrícolas, pues, son quienes los aplican, así como las personas que se encuentren en zonas próximas. En el mismo contexto, se infiere que cuando estos productos se propagan, la población general corre riesgo aunque en menor grado, dado que los residuos del producto pueden estar presentes en los alimentos y el agua que ingieren.

Las consideraciones previas, llevan a la afirmación de que nadie debería estar expuesto a cantidades peligrosas de agrotóxicos. Los seres humanos que aplican estos productos en cultivos o en los jardines deberían protegerse adecuadamente, y quienes no participan directamente en esas actividades de fumigación, deberían cuando menos alejarse de la zona durante la aplicación y en el periodo recomendable posterior a su difuminación. Por otro lado, los alimentos que se comercian deben cumplir con las normativas vigentes sobre agroquímicos, sobre todo en lo que tiene que ver con los límites máximos de residualidad.

Las personas que laboran en unidades de producción agrícola y pecuaria, bajo la modalidad de agricultura familiar o campesina para el autoconsumo deben seguir minuciosamente, las instrucciones de uso de los productos agroquímicos y protegerse usando los equipos e indumentarias de seguridad (trajes, calzado, guantes y máscaras) siempre que sea necesario (por lo general siempre). Quienes son consumidores, deberían reducir la ingesta de residuos de agroquímicos pelando o lavando las frutas y hortalizas, lo cual, reduce también otras fuentes de peligro, como las bacterias patógenas.

Una de las principales tareas, en opinión de quien aquí escribe, consiste en derrumbar el mito de que los agroquímicos son necesarios para alimentar al mundo. Tal afirmación, se sustenta en los datos que indican "la utilización masiva e inadecuada de algunos insecticidas y herbicidas provoca la muerte por intoxicación de unas 200.000 personas al año, especialmente en países en desarrollo" (Elver y Tuncak. 2017. p. 15). En consecuencia, es necesario poner en marcha un proceso formativo global para la transición hacia una producción agrícola y alimentaria más segura y saludable.

Contextualización de la situación problemática

De interés resulta a estas dos primeras décadas del siglo XXI, los datos que la División de Población de la Organización de las Naciones Unidas para la Alimentación y la Agricultura (2019) (FAO por su siglas en inglés), la cual, ha informado en referencia a que "...en el año 2050, la población mundial será de 9700 millones de personas, un 30% más que en 2018, y que la gran mayoría de este crecimiento se producirá en los países en desarrollo" (p. 1). Estas predicciones de la FAO, apuntan a que se deberá aumentar en un 80% la producción de alimentos para poder hacer frente al crecimiento demográfico. Sin embargo, como se dijera en el aparte anterior, ese aumento de la producción de alimentos debería ir acompañado de la transición hacia una producción agrícola y alimentaria más segura y saludable.

En este sentido, fomentar prácticas dirigidas a una agricultura más racional y de conservación de la biodiversidad, reducir los efectos contaminantes de aguas y suelos con el fomento de la adopción de metodologías de producción agrícola que aseguren a largo plazo una agricultura sostenible y la protección de los recursos ambientales, representa la única alternativa posible para el mantenimiento del equilibrio natural. Actitudes estas, que desde luego, están imbricadas al uso racional de plaguicidas químicos sintéticos y naturales que resultan fundamentales para la protección fitosanitaria de la producción agrícola.

Sabido, es que los plaguicidas son utilizados directamente en el suelo y en el cultivo, o bien para el mantenimiento y limpieza de infraestructuras, herramientas y equipos, so pretexto que entre los factores más importantes que limitan la producción agrícola se encuentran las plagas que afectan a los cultivos. Sin embargo, existen diversos medios que permiten disminuir estas plagas para que no ocasionen daños de importancia económica. Por ejemplo está el control genético (uso de variedades de plantas resistentes o tolerantes); el control biológico natural o inducido (liberación de enemigos naturales de las plagas o insectos estériles); el control legal (cuarentenas); el control cultural (destrucción de residuos de la cosecha anterior, rotación de cultivos, destrucción de plantas hospederas, uso de semilla certificada, podas, deshijas, otras.) y el control químico (empleo de plaguicidas). Así, el uso conjunto de estos métodos se aplica bajo el concepto de "manejo integrado de plagas", el cual consiste en emplear dos o más de los métodos mencionados. Sin embargo, indica la FAO (2019):

> el uso excesivo de fertilizantes en algunos lugares ha llevado a la contaminación del suelo en forma de depósitos de nitrógeno y en ciertos casos dañado los sistemas hídricos. Por otro,...la infrautilización de fertilizantes significa que los nutrientes que se eliminan de los suelos con los cultivos no se reponen, lo que conduce a la degradación de la tierra y la disminución de los rendimientos. (p. 1)

Lo planteado hasta aquí, implica también pensar en la salud de los seres humanos que viven y perviven en medio de un modelo de consumo donde el uso de agroquímicos se ha hecho a la cotidianidad y cuya consecuencia más nefasta tiene que ver con el ocultamiento de los efectos de los fertilizantes químicos sobre el medio ambiente, los cuales, están ampliamente probados y son incuestionables, estando demostrado que su uso conlleva un riesgo elevado de daños ambientales. Pero, de lo que no se habla tanto es del riesgo que sobre la salud de las personas pueden acarrear estos productos.

Al respecto, autores como Elver y Tuncak (2017) proponen un nuevo tratado global para regular y eliminar el uso de pesticidas peligrosos en la agricultura y avanzar hacia prácticas agrícolas sostenibles, pues, en su experta opinión "El uso excesivo de plaguicidas es muy peligroso para la salud humana y el medio ambiente; además es engañoso afirmar que estos productos químicos son vitales para garantizar la seguridad alimentaria" (p. 27)

Los relatores especiales de la ONU-FAO señalan que los estudios realizados en esta materia demuestran que la exposición a agroquímicos es causal de unas doscientas mil muertes por intoxicación aguda cada año a nivel mundial y que casi el 99% de estas muertes ocurre en países en desarrollo, donde la salud, la seguridad y las regulaciones ambientales muestran mayor grado de vulnerabilidad. Igualmente, el uso desmedido de agroquímicos produce efectos secundarios. El informe ONU-FAO (2019) sobre el uso de herbicidas, insecticidas y fertilizantes químicos en la agricultura familiar, plantea:

> Además de las muertes directas, la exposición crónica a los plaguicidas se ha relacionado con el cáncer, enfermedades como Alzheimer y Parkinson, alteraciones hormonales, trastornos del desarrollo y esterilidad. Los trabajadores agrícolas, las comunidades que viven cerca de las plantaciones, las comunidades indígenas y las mujeres embarazadas y los niños son particularmente vulnerables a la exposición a los pesticidas y requieren protecciones especiales. (p. 1)

La cita anterior, muestra una parte de la situación problema originada por el uso de agroquímicos. En razón de ello, diversos expertos destacan que en particular los Estados tienen la obligación de proteger los derechos de la población (sobre todo niños, niñas y adolescentes) contra los agroquímicos peligrosos, pues, tal y como lo señalan Elver y Tuncak (2017) "...el elevado número de niños muertos o heridos por alimentos contaminados con este tipo de productos químicos de síntesis ocupa al 33 % de los casos informados" (p. 46), un número muy elevado, si se considera que no es este estrato poblacional quien directamente produce, comercia, manipula y aplica los agroquímicos.

En efecto, según la declaración de política de la American Academy of Pediatrics (AAP. 2019), "La exposición de los niños a los pesticidas representa una de las principales preocupaciones en materia de salud, particularmente la exposición prenatal" (p. 12), haciendo saber que la exposición a pesticidas en la etapa prenatal puede conllevar a un aumento del riesgo de los defectos del nacimiento, bajo peso corporal y muerte del feto. Igualmente, señala la AAP (2019) que "...la exposición a pesticidas en la infancia ha sido ligada a los problemas de aprendizaje lo mismo que al cáncer" (p. 15).

Ello lleva a aseverar que efectivamente, los niños corren mayor riesgo por exposición a pesticidas que los adultos de sufrir problemas de salud debido a que sus órganos internos todavía se están desarrollando y madurando. Así las cosas, los niños, pueden entrar en contacto con pesticidas almacenados o aplicados en su hogar, jardines o césped del patio, centros para el cuidado infantil, escuelas, parques o en sus mascotas. Pero sobre todo, los que corresponden a la población del sector rural, donde estos productos, son usados en los sistemas agrícolas con altos costos sociales que incluyen la vulnerabilidad de la población infantil.

Por otra parte, los niños (sobre todo los más pequeños), como bien lo saben los padres, les encanta ponerse las manos en la boca. También gatean y juegan en el piso, pasto o en espacios que pueden tener pesticidas. Debido a que los pesticidas se encuentran en muchos lugares en el entorno, la cantidad de exposición puede aumentar rápidamente, teniendo la implicación que los venenos pueden ser absorbidos por la piel, la boca o respirando aerosoles, polvo o vapores. En el mismo contexto se tiene que adultos y niños pueden envenenarse si están presentes durante la aplicación del químico. Además si se tiene contacto con un área u objeto contaminados (césped, tierra, zapatos, ropa, muebles otros) es posible que se produzca la intoxicación.

Con relación a lo anterior, la American Academy of Pediatrics (2019) ha reseñado que "En los últimos años, se siguen reportando a los Centros de Control para el Envenenamiento miles de casos de envenenamientos por pesticida". (p. 21) Particularmente, los problemas de salud relacionados con la exposición parcial o permanente a agroquímicos tiene que ver con: intoxicación accidental, prevalencia de enfermedades, discapacidades, así como la exposición a herbicidas, insecticidas y fertilizantes químicos peligrosos de niños y niñas que trabajan en dependencias de alimentos globales (frutas, verduras, cereales, aliños, otros) y cadenas de suministro (mercados, camiones, venta ambulante) que representan una de las formas de trabajo infantil de mayor riesgo de exposición.

Elver y Tuncak (2017) advierten que ciertos agroquímicos pueden persistir en el medio ambiente durante décadas y representan una amenaza para todo el sistema ecológico del que depende la producción de alimentos. En tal sentido, sostienen "El uso excesivo de plaguicidas contaminan las fuentes de agua y el suelo, causando pérdida de biodiversidad, destruyendo a los enemigos naturales de las plagas y reduciendo el valor nutricional de los alimentos" (p. 51), haciendo saber que el impacto de este uso excesivo también impone costos asombrosos en las economías locales, regionales y nacionales.

Por otro lado, los efectos ambientales, producidos por el uso de agroquímicos son particularmente preocupantes, porque están relacionados con la muerte de la fauna polinizadora. Problema este especialmente grave si se considera que "...aproximadamente el 70% de las especies de cultivos que alimentan a los humanos dependen de la polinización de insectos" (ONU-FAO. 2019. p. 1). Aun reconociendo que muchos Estados en sus legislaciones, ofrecen actualmente protección contra el uso de algunos (tal vez muy pocos) herbicidas, insecticidas y fertilizantes, cabe subrayar que aún no existe una legislación global para regular la gran mayoría de ellos a lo largo de su ciclo de vida, dejando una brecha crítica en el marco de protección de los derechos humanos.

Ergo: sin una reglamentación estricta y conveniente sobre la producción, comercialización y niveles aceptables de uso de agroquímicos, la carga de los efectos negativos de estos productos es y seguirá siendo sentida por las comunidades pobres y vulnerables en los países que tienen mecanismos de cumplimiento menos estrictos. De hecho, en los países en desarrollo se sentirá más gracias al mayor rendimiento de los cultivos y al aumento de las cosechas anuales en el mismo suelo. Por tanto, solo un pequeño porcentaje del crecimiento de la producción de alimentos provendrá de la expansión de las tierras de cultivo.

Los agroquímicos se continuarán utilizando porque desde la dimensión económica, permiten evitar pérdidas importantes de las cosechas. Sin embargo, sus efectos sobre las personas y el medio ambiente son una preocupación permanente. El uso de agroquímicos para producir alimentos, tanto para el consumo local como para la exportación, debe cumplir con las prácticas agrícolas correctas con independencia de la situación económica del país. Los agricultores no deben aplicar más cantidades de estos productos que las necesarias para proteger sus cultivos. Por otro lado, en determinadas condiciones también es posible producir alimentos sin necesidad de plaguicidas.

Ante circunstancias como la expuesta en precedente, la respuesta de organismos como OMS y la FAO, ha sido evaluar los riesgos de los plaguicidas para el ser humano, ya sea por exposición directa o a través de los residuos presentes en los alimentos, y recomendar medidas de protección adecuadas. En tal sentido, en las evaluaciones se tiene en cuenta todos los datos presentados para solicitar el registro de agroquímicos en todos los países, así como todos los estudios científicos publicados en revistas arbitradas. Sobre este particular Elver y Tuncak (2017) sostienen:

Tras evaluar el nivel de riesgo, se establece límites para la ingesta sin riesgos de residuos de plaguicidas en los alimentos de modo que una persona pueda ingerirlos en el transcurso de su vida sin que su salud se vea perjudicada. (p. 53)

Rocha y Rigotto (2017) sostienen que "Los gobiernos y los organismos internacionales encargados de gestionar los riesgos, generalmente se basan en la ingesta diaria admisible para establecer los límites máximos de residuos de plaguicidas en los alimentos" (p. 74). Tal aseveración, lleva a pensar que las normas del Codex, establecidas por la FAO, son la referencia para el comercio internacional de productos alimenticios, de modo que los consumidores de todo el mundo tengan la seguridad de que los alimentos que ingieren cumplen los criterios convenidos de inocuidad y calidad, con independencia de su lugar de fabricación. El Codex ha establecido normas para más de 100 plaguicidas distintos.

Por otra parte, La OMS y la FAO han elaborado de manera conjunta el Código Internacional de Conducta para la Gestión de Plaguicidas. Este marco de carácter voluntario, cuya edición más reciente se publicó en 2014, guía a las autoridades gubernamentales de reglamentación, al sector privado, a la sociedad civil y a las demás partes interesadas sobre las mejores prácticas en el manejo de los plaguicidas durante su ciclo de vida, desde su producción a su eliminación.

Sin embargo, los agroquímicos se siguen usando sin que se aprecie escenarios de sensibilización y capacitación a las poblaciones ni acciones que contribuyan a una mejora del ambiente, A esta realidad, no escapan las comunidades rurales venezolanas, donde se observa entre otros efectos: pérdida de embarazos, malformaciones genéticas, mutaciones, cáncer, leucemia, afecciones respiratorias severas que son sólo algunos de los problemas de salud cada vez más recurrentes, así como modificaciones en el medio ambiente. Todos ellos registros casuales que se convierten en pruebas evidentes cuando son analizados en forma sistemática.

En ese orden y dirección, algunas experiencias personales del autor, llevan a afirmar que contrariamente a lo apuntado por la literatura, valido es suponer que los usuarios de productos agroquímicos, conocen la existencia de ciertos daños a la salud originados por la manipulación de tales sustancias. Así, el contacto cotidiano con estos pesticidas les proporciona suficientes indicios para saber que no son inocuos, pero, generalmente en sus discursos se observa la atribución de diferentes significados al concepto de "daño a la salud".

Por un lado, ciertos síntomas de daños son ignorados y minusvalorados, mientras que por otro, se reconocen claramente otros daños más visibles o percibidos como más serios y preocupantes. En este sentido, entre los usuarios de agroquímicos es habitual reconocer haber sufrido con frecuencia toda una serie de síntomas inespecíficos que la bibliografía sobre epidemiología y toxicología de pesticidas clasifica inequívocamente como indicadores de daños a la salud: cefaleas, rinitis, vómitos, conjuntivitis, dolores abdominales, otros, pero que ellos no identifican como daños evitables, sino simplemente como molestias puntuales que forman parte indisoluble de las tareas de aplicación de pesticidas. Es decir, a pesar que todos ellos reconocen sufrirlos, tales síntomas de intoxicación no son percibidos como señales de posibles daños más o menos serios a la salud.

Sin embargo, no hay que concluir que los usuarios de productos agroquímicos desconozcan los daños derivados de los pesticidas, ya que más allá de aquellos síntomas inespecíficos, identifican claramente casos de intoxicaciones agudas sufridas por ellos mismos o por terceras personas, y de aparición de numerosas alergias crónicas a pesticidas después de haberlos manipulado durante años. Pero se debe señalar que, a pesar del conocimiento directo que tienen de estos daños, generalmente los usuarios no han dejado de emplear pesticidas en su labor, ni siquiera aquellos que han sufrido daños personalmente.

Dentro del mismo contexto, se tiene que ciertos expertos responsables de empresas fabricantes de pesticidas tienden a argumentar que los daños que estos productos pueden causar a la salud son "prácticamente inexistentes", y sólo pueden aparecer si se hace un "uso inadecuado" de los mismos. Claramente se aprecia entonces que los fabricantes ponen mucho énfasis en la idea de profesionalidad, de tal forma que si el usuario es un buen profesional, su salud "no puede sufrir ningún daño". También se tiene que quienes se dedican a la distribución y venta de pesticidas a nivel local, raramente mencionan a sus clientes los daños concretos que pueden ocasionar los productos que les ofrecen, pero, a diferencia de los fabricantes, conocen de primera mano las condiciones de trabajo de los usuarios y observan que éstos sufren daños con frecuencia.

En el contexto descrito, se observa a primera vista que tanto fabricantes como distribuidores y comerciantes de agroquímicos, le atribuyen las malas prácticas a los usuarios, exponiendo en general, un discurso que se centra en la idea de minimizar la existencia de daños y en desplazar hacia los usuarios toda la responsabilidad por lo que pueda suceder. Por su parte, los ingenieros y técnicos agrónomos que suelen cumplir el rol asesores de los productores agrícolas en materia de pesticidas, muestran un conocimiento muy difuso y poco formalizado de los posibles daños que pueden ocasionar a la salud.

Curiosamente, al igual que los usuarios, tienden a subestimar la importancia de los síntomas inespecíficos citados por la bibliografía especializada (supra mencionados) y a considerarlos como propios del trabajo de aplicador. Estos ingenieros y técnicos conocen perfectamente la existencia de frecuentes intoxicaciones entre los usuarios del producto, e incluso alguno de los ingenieros y técnicos suele reconocer haberse intoxicado en alguna ocasión, pero no por ello parece otorgar mayor importancia a los riesgos de exposición a pesticidas.

De otro lado están los expertos de instituciones estatales dedicadas a regular y vigilar la calidad de la producción agraria que también muestran esta tendencia a subestimar los riesgos de los pesticidas, a pesar que algunos de ellos también hayan sufrido trastornos de salud por su causa, y a considerar que si se manipulan según las normas y buenas prácticas establecidas no se producirán daños, y tienden a atribuir los trastornos de salud que sufren algunos usuarios a su baja profesionalidad (no cumplen aquellas normas porque "no tienen suficiente capacidad para hacerlo")

En definitiva, todos estos discursos expertos vienen a considerar que solo con un cumplimiento escrupuloso de las buenas prácticas establecidas por sus propias instituciones, los usuarios podrán trabajar con seguridad (y con respeto ambiental), y que, aun así, no todos lo conseguirán (porque consideran que "no todos están capacitados para ello"). Por lo tanto, están reconociendo implícitamente que promueven el uso de un factor de riesgo que ocasiona daños a las personas, y que, además, tal circunstancia deviene algo difícil de evitar.

Tal es el caso del sector El Guayabo, ubicado en el municipio Achaguas del estado Apure, lo que ha generado la inquietud de llevar adelante una investigación de la cual, sus hallazgos, contribuyan a la construcción de una teorética praxiológica ambiental que desde el enfoque sociocomunitario genere estrategias de intervención, asesoría y acompañamiento técnico para la formulación de alternativas en cuanto a la concienciación sobre el uso de agroquímicos en las unidades de producción agrícola familiar en el escenario "ut supra" señalado. En este propósito general, se buscará responder en específico a las siguientes preguntas de implementación:

¿Qué importancia le dan los habitantes del sector El Guayabo, municipio Achaguas del estado Apure a los derechos del ambiente y sus componentes?

¿Qué visión tienen los actores sociales del sector El Guayabo con relación al uso de agroquímicos en las unidades de producción agrícola familiar?

¿Qué postura distingue a los informantes clave en cuanto a las consecuencias del uso agroquímicos en el sector El Guayabo de municipio Achaguas del estado Apure?

¿Están interesados los actores informantes en que desde los escenarios de organización sociocomunitaria se promocione la concienciación de las familias para la realización de prácticas sociales pertinentes relacionadas con el uso de agroquímicos?

¿Cuáles son los elementos epistemológicos que sustentan el argumento procedente de la teorética praxiológica ambiental desde el enfoque sociocomunitario para la concienciación en el uso de agroquímicos?

Propósitos

Propósito General

Construir una teorética praxiológica ambiental desde el enfoque sociocomunitario para la concienciación sobre el uso de agroquímicos en las unidades de producción agrícola familiar en el sector El Guayabo del municipio Achaguas del estado Apure.

Propósitos Específicos

Conocer la importancia que los habitantes del sector El Guayabo, municipio Achaguas del estado Apure le dan a los derechos del ambiente y sus componentes.

Develar la visión que tienen los actores sociales del sector El Guayabo con relación al uso de agroquímicos en las unidades de producción agrícola familiar.

Distinguir la postura de los informantes clave en cuanto a las consecuencias del uso agroquímicos en el sector El Guayabo de municipio Achaguas del estado Apure.

Identificar la actitud de los actores informantes en cuanto a que desde los escenarios de organización sociocomunitaria se promocione la concienciación de las familias para la realización de prácticas sociales pertinentes relacionadas con el uso de agroquímicos.

Construir el argumento procedente de la teorética praxiológica ambiental desde el enfoque sociocomunitario para la concienciación en el uso de agroquímicos.

Relevancia del estudio

La praxis sociocultural de los habitantes del sector El Guayabo, municipio Achaguas del estado Apure en cuanto a los derechos del ambiente y sus componentes; el uso de agroquímicos en las unidades de producción agrícola familiar y sus consecuencias, así como, el grado interés que esta población para qué desde el enfoque sociocomunitario se promocione la concienciación de las familias en cuanto al uso racional de agroquímicos, estará dada por un proceso continuo y permanente, reflexivo, crítico, de carácter comunitario por demás significativo en y para la vida del colectivo con el fin de alcanzar más y mejor calidad de vida en relación con lo que se aspira o se desea de los escenarios agrícolas.

Al respecto, Fainholc *et al.* (2015) sostienen que siempre es relevante generar debate en la construcción y desarrollo de toda investigación, ya que "...ello conduce a discriminar una buena práctica investigativa sobre todo porque se identifica coherencia entre las teorías propuestas y las prácticas realizadas para la búsqueda de resultados" (p. 57). En este orden y dirección, **el contexto epistemológico** del presente estudio considera oportuno los aportes teóricos que permitan redimensionar significativamente las prácticas que las familias desarrollen en sus labores de productividad, como forma de fomentar la construcción de conocimiento e innovaciones socialmente pertinentes para el impulso y desarrollo de una visión que represente los derechos ambientales de las generaciones presentes y futuras, así como respeto a las otras formas biodiversas y el cuidado de la salud humana.

Esto es de importancia social, ya que la utilización rauda y creciente de agroquímicos, y la subsecuentemente elevación del riesgo de consecuencias negativas para el ser humano, la biodiversidad animal y vegetal, y la contaminación del ambiente, hace ver la necesidad de contar con la documentación de estos problemas reales en los diversos contextos de la sociedad planetaria, de tal manera que se pueda hacer contribuciones que llevan a probar y prácticas métodos para la disminución de los efectos dañinos de estos productos.

Tambien resulta relevante desde el argumento epistemológico la producción de conocimiento que lleve a encontrar soluciones sostenibles al problema que representa el uso no conveniente de agroquímicos teniendo en consideración que la mano de obra empleada en la agricultura deberá ponerse en sintonía con los principios del "vivir viviendo" para poder enfocarse en la herencia de un mundo mejor para las futuras generaciones y asumiendo que el no pago de la "deuda ambiental" influye de manera directa en la imposibilidad de pago de la „deuda social" del mañana

Otro elemento que da relevancia a la teorética praxiológica ambiental desde el enfoque sociocomunitario para la concienciación sobre el uso de agroquímicos en las unidades de producción agrícola familiar, está representado en la posibilidad del abordaje epistemológico para explicar la dinámica de transformación, instauración y extensión de los hechos científicos, atribuyendo importancia a los elementos históricos y sociales como posibilidad de interpretar la complejidad en el área de la agricultura familiar presente en el escenario de indagación seleccionado para la presente creación intelectual.

En atención a ello, el autor atiende a la epistemología y la vigilancia epistemológica, las cuales, resultan necesarias en todo proceso de investigación respecto del uso de métodos, técnicas y herramientas en la dinámica propia de la investigación. Por una parte, la epistemología es útil porque se ocupa de estudiar los procesos y las formas a través de las cuales se construye el conocimiento, en este caso, se trata de estudiar las investigaciones previas junto a las teorías neohumanista, de la praxiología, de la pedagogía constructivista, ecológica de sistemas, ecosocialista y los métodos más adecuados a los efectos de poner de manifiesto la vigilancia epistemológica. Esto resulta útil en la medida en que orienta la posición que el investigador tiene, en tanto sujeto que pretende conocer respecto de la coherencia teórica, el uso de metodologías y los contextos en los que se desarrolla la investigación. Al respecto, Bourdieu (2008) señala:

> mantener una vigilancia epistémica en los procesos de investigación, es preguntarse qué es hacer ciencia y saber qué es lo que hace el científico, examinar las teorías y los métodos en su aplicación para determinar qué hacen con los objetos y qué objetos hacen.

Lo anterior se opone a la instauración de relaciones axiomáticas, predeterminadas e impositivas de conceptos, teorías, ideologías y conocimiento, que reproduce una visión negadora de la heterogeneidad y la divergencia, que supone superada la contradicción y la discordancia. Se trata, pues, de favorecer la apertura y la autoevaluación, tomando en cuenta las propias limitaciones y la necesidad de incorporar una filosofía de la investigación a partir de la cual, se emprenda el camino a la construcción de una actividad menos dogmática y más plural, abierta al diálogo y consciente de su falibilidad. De aquí, se desprende la necesidad de una posición reflexiva como principio epistemológico que establezca conexiones y ajustes entre la noesis del investigador, y la realidad indagada, incluyendo escenario, actores métodos, técnicas y teorías para abordarlos.

La **relevancia metodológica** de la teorética praxiológica ambiental desde el enfoque sociocomunitario para la concienciación en el uso de agroquímicos, se encuentra en la creación intelectual del autor, quien obviando cualquier controversia devenida por el método utilizado, ha decidido emplear como metodología la práctica analítica y de la fenomenología, apoyada en la hermeneusis, así como la construcción de instrumentos para la recolección, análisis e interpretación de información que se sustentan en teorizaciones axiológicas sobre los componentes de la realidad abordada para su estudio. En tal sentido, la aplicación de técnicas de investigación correspondientes al método fenomenológico, resulta relevante, dado la necesidad de emplear técnicas permitan observar al ser humano como un ente indivisible, singular y único, que vive, siente y percibe de manera individual,

Sobre el comentario precedente, la metódica llevada a cabo, mediante el método seleccionado ha permitido que en la realización del estudio por ser de corte cualitativo se haya recurrido a las etapas: descriptiva, estructural y de discusión. En la primera (etapa descriptiva), el objetivo perseguido fue lograr la descripción del fenómeno de estudio, de la manera lo más completa y no prejuiciadamente posible, para reflejar la realidad vivida por los actores sociales, su mundo, su situación en la forma más auténtica.

. La segunda etapa, la estructural, el trabajo central fue el estudio de las descripciones contenidas en los formulismos; éstos están constituidos de varios pasos entrelazados, y aunque la mente humana no respeta secuencias tan estrictas, ya que en su actividad cognoscitiva se adelanta o vuelve atrás con gran rapidez y agilidad para dar sentido a cada elemento o aspecto, sin detenerse en cada uno los ve por separado, de acuerdo a la prioridad temporal de la actividad en que pone énfasis; por tanto, se procuró seguir la secuencia de éstos para tener un mejor análisis de la realidad indagada.

La tercera etapa, correspondió a la exposición de los hallazgos, aquí, se intentó relacionar lo aprehendido de la realidad con las conclusiones o hallazgos de la literatura consultada para compararlos, contraponerlos o complementarlos, y entender mejor las posibles diferencias o similitudes. De este modo, fue posible llegar a una mayor integración y a un enriquecimiento del "nuevo conocimiento" del área estudiada. Como se podrá observar, la fenomenología, lejos de ser un método de estudio, es una filosofía para entender el verdadero sentido de los fenómenos, pero con una secuencia de ideas y pasos que le dan rigurosidad científica a la producción intelectual del investigador.

Por otra parte, apoyarse en técnicas hermenéuticas se erige en factor relevante del trabajo para el argumento que se pretende elaborar, ya que, siendo la hermenéusis, la ciencia y arte de la interpretación, sobre todo de textos, para determinar el significado exacto de las palabras mediante las cuales se ha expresado un pensamiento, permite establecer la relación entre el conocimiento el ser y el hacer, para completar el acto de llevar una idea o concepto, que esta simplemente en la noema como conocimiento, a un plano de espacio-tiempo, es decir, materializarla para construir la nootropía dimensional de sinergias de la sociedad del conocimiento.

En efecto, el apoyarse en la hermeneusis, ha representado el experienciar la vivencia Inmanente de estar y ser en el acontecer, para construir experiencias sensibles e Intelectivas únicas de lo extraordinario o excepcionalmente bueno que subyace en el sentimiento, estado de ánimo y/o disposición emocional hacia una cosa, un hecho o una persona, para incorporar y unir posturas de tal forma que surja un todo armónico, Integrativo, reunificador y concertante del significado que es conocido, importante o reputado en algún ámbito

En el contexto seleccionado como campo de investigación, se afirma como el enfoque sociocomunitario para la concienciación sobre el uso de agroquímicos en las unidades de producción agrícola familiar influye en las personas; las cuales, se apropian y gestionan de manera colectiva en el sector El Guayabo, métodos integrales para el desarrollo conductas conservacionistas, de aprovechamiento sustentable, de protección de la diversidad biológica y de los recursos abióticos (suelos, agua, aire) mediante prácticas innovadoras y socio ambientalmente pertinentes, así como, la socialización de procesos de producción valorados desde los conocimientos científicos, ancestrales, tradicionales y populares.

Siguiendo a Mardan (2016), se tiene que la heurística es una postura, cuyo método exploratorio en esencia, busca "... la resolución de problemas en los cuales, las posibles soluciones se van descubriendo mientras se va en la búsqueda de un resultado satisfactorio..." (p. 51). De allí que **la relevancia heurística** del estudio teorética praxiológica ambiental desde el enfoque sociocomunitario para la concienciación en el uso de agroquímicos, está determinada primeramente por la reflexión crítica, continua y permanente como principio fundamental en la construcción de orientaciones para la formación de una nueva conciencia social y política; y en segundo lugar por la instrumentación de nuevas herramientas conceptuales, traducidas en teorías, categorías y métodos que posibilitan la aplicación de los principios socio-económicos-ambientales que llevan al desarrollo sustentable.

Lo anterior, resulta de significativa importancia a la presente producción doctoral, ya que se ponen de manifiesto principios básicos con los cuales se realizan búsquedas que conduzcan a aciertos y que permitan progresar en el conocimiento, descartando los errores y eventualmente construyendo conocimiento sobre ellos. Al respecto, se parte de ideas que se consideran fundantes y basándose en ellas se va codificando lo conocido. Esa codificación ofrece la posibilidad de ampliar o mostrar lo que se conoce, creando los fundamentos del "nuevo conocimiento" en relación con lo ya conocido. Así las cosas, las categorías de uso científico (aunque con diferencias entre ellas) que emergen de la investigación están dentro de este nivel heurístico de tipo fundacional, para la búsqueda de certezas y principios, que llevan a la codificación del conocimiento acumulado.

Así las cosas, la visión heurística resulta "confiable", "probada" para los propósitos del presente trabajo, donde el autor ha sido cuidadoso de no caer en dogmatismos al tratar de encontrar el sustento del conocimiento que subyace en los actores informantes, independientemente de los cambios en las prácticas sociales, en el lenguaje y en las concepciones del mundo. En tal sentido, esta postura, permite decir que el conocer es una actividad edificadora, fuertemente lingüística, de enunciados justificados por otros enunciados que se complementan para el desarrollo de la concienciación en el uso de agroquímicos favoreciendo de manera directa la garantía de los derechos y el cumplimiento de los deberes ambientales de los congéneres humanos. Por esta razón, los hallazgos que se desprendieron del proceso investigativo se han considerado válidos.

En cuanto, a la relevancia presente desde la dimensión **axiológica**, valido es decir que la teorética praxiológica ambiental desde el enfoque sociocomunitario para la concienciación en el uso de agroquímicos, imbrica a su construcción el asunto de la naturaleza de los valores y juicios valorativos que los actores sociales otorgan a sus creencias determinadas por predisposiciones y orientaciones, así como a sus deseos, motivaciones y expectativas en torno a los temas que se les plantea. Al respecto, Jiménez, (2016), ha establecido:

> toda indagación que se desarrolle con base en la enunciación de Juicios de valor sobre un tema determinado, mediante a los cuales se llega aplicando el raciocinio y la subjetividad, y derivando en lo que posteriormente son valoraciones del mundo que nos rodea, que como podremos apreciar desde su esencia, están cargados de los valores culturales que posea el sujeto que lo ha elaborado. (p. 29)

Es por ello, que se persigue la construcción de una aportación praxiológica ambiental como alternativa dirigida a desarrollar en la población más y mejor calidad de vida, mediante prácticas resilientes signadas por el trabajo liberado y liberador, partiendo del conocimiento de su realidad biologica-psicologica-social-ergológica-cultural-espiritual-económica, en el contexto de la vida comunitaria, con atención en las necesidades y expectativas de todos, pero, mediante la práctica ético ecológica que impulse la transformación de los insostenibles patrones de producción y consumo de la actualidad.

Por otra parte, la **relevancia gnoseológica** del presente trabajo; viene dado porque quien investiga, "...Se pregunta si es posible conocer, cuáles son sus límites, como se relaciona con la experiencia y la razón..." (Jiménez. 2016. p. 35) y qué es la praxiología ambiental desde el enfoque sociocomunitario para la concienciación en el uso de agroquímicos. Es decir, busca conocer la conciencia ecológica humana insurgente en las comunidades rurales, la cual, debería abarcar toda la vida para proporcionar la construcción y socialización del conocimiento que lleven a la conservación ambiental y la formulación de espacios saludables para los congéneres humanos.

Al respecto, los saberes ancestrales de los habitantes del sector El Guayabo, resultan trascendentales, a la hora de propiciar la concienciación en cuanto al uso de agroquímicos porque son "...conocimiento utilitario que surge de las necesidades inmediatas, conocimiento especulativo que a través del asombro lleva lo teórico a lo práctico..." (Jiménez. 2016. p. 37) garantizando que los colectivos sociales muestren comportamientos pertinentes sobre los recursos naturales. Esto es, porque al desarrollar las dimensiones conocer, hacer, convivir y ser; se estimula los elementos de orden epistemológico, comunicacional y organizativo de manera integral brindando una visión transdisciplinaria del fenómeno.

Lo "*supra*" mencionado constituye una simiente para que los actores sociales puedan profundizar su autonomía y su identidad para el ejercicio de una mejor ciudadanía en cuanto a la ecología humana y la protección del ambiente, pues hacer praxis en las cuatro dimensiones señaladas lleva a la construcción de auto y corresponsabilidad cuando se toman de decisiones, las cuales, se muestran coherentes con el modelo eco productivo impulsado por el Estado. También, les hace participar en la formulación de prácticas interactivas siendo tolerantes ante las limitaciones, a la vez que manejan con propiedad las incertidumbres complejas de la dinámica social.

La **relevancia filosófica** del trabajo se enmarca en la teoría Humanista, desde la cual, se produce un profundo conocimiento del ser humano, en tanto, ser racional cuya formación ha de atenderse priorizando valores éticos, estéticos y ambientales; caracterizados por intersubjetividades que se cultivan y acrecientan desde los sentimientos y emociones intrínsecas al ser y por las políticas e interacciones extrínsecas, concordantes con las necesidades bio-psico-sociales-culturales-espirituales de las personas.

Da relevancia al presente estudio, el interés suscitado por los componentes ambientales considerados desde el análisis integral historiográfico y la obligada indagación de sus componentes por ser afectados con el uso de agroquímicos. Así, con el enfoque adoptado se trata de detectar tanto los conflictos como las relaciones positivas que se presentarían entre los intereses de la población y entre las actividades desarrolladas para la producción de alimentos (impactos ambientales) como resultado de la acción de los pobladores del sector El Guayabo.

Se quiere decir, resulta más que necesario, la principal prioridad material que debe tener el ser humano como responsable del bienestar del planeta y de las generaciones presentes y futuras de congéneres es la producción de alimentos locales y ecológicos, preservando la salud del cuerpo humano y del suelo que los sustenta, en un marco de soberanía alimentaria, concebida como derecho esencial básico para la Humanidad. De allí, que las comunidades consideren el poder evolucionar en conciencia y conexión con el ecosistema, para ser parte de él, confiando en la naturaleza, a la vez que hacen uso del poder y derecho a la vida.

MOMENTO II

CONTEXTO REFERENCIAL, TEORICO Y CONCEPTUAL

Asumir una postura noética para construir una teorética praxiológica ambiental desde el enfoque sociocomunitario para la concienciación sobre el uso de agroquímicos en las unidades de producción agrícola familiar en el sector El Guayabo del municipio Achaguas del estado Apure, tiene el imperativo de conocer el estado del arte sobre el tema abordado. En razón de ello, necesario es que en principio se interprete el entramado que sostiene el pensamiento complejo de los conceptos: ambiente, comunidad, agroquímicos y, producción agrícola familiar, produciendo una ruptura con las posiciones tradicionales que resultan elusivas y ambiguas; ya que, generalmente las personas, incluso aquellas que directamente realizan prácticas productivas agrícolas, no han interpretado esta realidad en su justa razón epistemológica.

Respecto a ello, necesario es el desarrollo de un análisis referenciando teóricamente la situación contextualizada como problema haciendo para ello, revisión exhaustiva de diversas fuentes que contribuyan a una primera aproximación a la realidad que se ha abordado, de tal manera que se pueda ubicar el trabajo dentro del estado del arte actual sobre los conocimientos, teorías y debates, de tal manera que se pueda construir algunas precisiones teóricas y conceptuales, las cuales, aún y cuando devengan disímiles de autores y fuentes, representan un punto de partida referente para el argumento que se va a desarrollar y que producirá posteriormente hallazgos que sean resultado de un ejercicio hermenéutico.

Investigaciones previas

Las investigaciones previas, son trabajos de data reciente que proporcionan al argumento teorético del autor simientes significativas que resultan útiles a la hora de aclarar, juzgar e interpretarla realidad abordada de manera amplia y la situación contextualizada como problema. Estas investigaciones previas contribuyen a determinar el enfoque metodológico de la investigación, pues, se parte de conclusiones ya existentes. Al respecto, en los contextos internacional y nacional diversos han realizado trabajos de investigación relacionados con los conceptos tamizados en este trabajo para la construcción de la teorética praxiológica ambiental desde el enfoque sociocomunitario para la concienciación sobre el uso de agroquímicos en las unidades de producción agrícola familiar en el sector El Guayabo del municipio Achaguas del estado Apure.

En el contexto internacional

León (2018), realizó una producción intelectual para optar al título de Doctor en la Universidad del País Vasco, bajo el título "Soberanía alimentaria sistema agroalimentario, movimientos campesinos y, políticas públicas; el caso de Ecuador", de la cual, su objetivo general fue analizar el potencial de la Soberanía Alimentaria como propuesta política alternativa para la superación de los desequilibrios y desigualdades generados por el sistema agroalimentario. Para ello, el autor profundizó su análisis en la experiencia vivida en Ecuador durante la última década, a partir de elementos ontológicos como las contradicciones que ha tenido el desarrollo de las propuestas sobre Soberanía Alimentaria en su implementación, en las políticas y acciones por parte del gobierno, como parte de lo que fue planteado como proceso de transición hacia un modelo alternativo.

Dentro de las aseveraciones que León hace con respecto al uso de agroquímicos, se tiene que "El sistema agroalimentario dominante se sigue transformando y adoptando nuevas formas de producción, donde se privilegia sobre todo el papel de la biotecnología, los agroquímicos..." (p.30., el subrayado es del autor), para advertir que el modelo de producción de alimentos en los sistemas agrícolas "...no ha podido resolver los problemas ambientales que produce derivados del alto consumo de agroquímicos que contaminan los territorios, y que han beneficiado principalmente a las empresas productoras de los mismos" (p. 201).

En este orden y dirección, León pone de manifiesto la necesidad de reconstruir la noema del sector agrícola para que apunte más hacia la sustentabilidad, mediante la consideración de los problemas que aparecen actualmente producto de la acción antrópica desmesurada en el uso de la tecnología, esto es, tomar en cuenta que los riesgos ambientales pueden aumentar en el futuro, produciendo problemas en la salud de la especie humana, sobre todo en países en desarrollo. Al respecto, sugiere que "...se debería incrementar la inversión global en generar sistemas alimentarios y agricultura sustentable, que tome en cuenta las diferencias locales en la forma de cultivar la tierra, para ayudar así a reducir riesgos en la producción de alimentos" (p. 201).

Por otro lado, el trabajo de León brinda simientes metodológicas a la teorética praxiológica ambiental desde el enfoque sociocomunitario para la concienciación sobre el uso de agroquímicos en las unidades de producción agrícola familiar en el sector El Guayabo del municipio Achaguas del estado Apure, al sugerir:

> la disminución de insumos químicos a base de petróleo, la no utilización de la tecnología transgénica por considerarla altamente riesgosa para la agrobiodiversidad, y la multifuncionalidad de la agricultura y el medio rural en lo ambiental a través de la conservación de los territorios, paisajes y otros aspectos indirectos de la agricultura. (p. 203., el subrayado es del autor)

Ello, como fórmula dovelar para la construcción de la soberanía alimentaria desde lo ambiental, lo que implica el uso y conservación de los recursos naturales y, la agroecología como alternativa para producir alimentos de otro modo. Se quiere decir, cultivar la tierra sin agredirla, controlar las plagas sin agrotóxicos, mejorar la calidad del suelo en vez de degradarlo al cultivar y más aún la salud de las personas, pues, se garantiza el consumo de alimentos sin residuos tóxicos que envenenen lenta y silenciosamente el cuerpo; alimentos más frescos correspondientes a los ciclos de la naturaleza y, por ende, más sabrosos y nutritivos.

También refiere León, la importancia de considerar a los pobladores del medio rural "...un gran atractivo como sujeto central de una propuesta alternativa a la modernidad" (p.159), lo que hace que se sugiera la necesidad de crear las condiciones para que estos posean "...sus propios medios de producción, como son la tierra, el trabajo, los conocimientos, los insumos, etc.;" (p.159), esto es, porque las familias campesinas, tienen una relación directa con el entorno natural, con el cual, pueden llegar a mantener una relación simbiótica, si emplean sistemas de producción ambientalmente respetuoso.

De allí, que se deba considerar el brindar a los pobladores del medio rural, la posibilidad educativa para que sus distintas acciones o los conjuntos de ellas, se den desde el punto de vista del establecimiento de eficiencia y eficacia en cuanto a las formas de vida ecológica. Es decir, que sus diversos hábitos y procedimientos de trabajo, así como la aclaración de sus elementos y su formulación se produzcan sobre la base, de distintas recomendaciones de carácter práctico que redunden en la prevención como elemento saludable para la vida. Al respecto el autor en reseña sostiene que se debe formular políticas que lleven a:

> plantearse seriamente los cambios ambientales en la agricultura, lo que implica disminuir a su máxima expresión el uso de agroquímicos, por resultar contaminantes del medio ambiente y afectadores de la salud de las personas que allí trabajan. Además, es obvio que la presencia de residuos tóxicos en los alimentos los hace, letales para el ser humano. (p. 161)

Si bien la teorización de León, tiene como tema central la soberanía alimentaria, se observa durante todo su argumento el énfasis en la importancia de conocer sobre los riesgos y peligros que entraña el uso de agroquímicos en los procesos productivos agrícolas. De allí, que este estudio se considere aportante de elementos ontoepistémicos para la construcción de una praxiología ambiental que se ocupe de la historia de las categorías ya mencionadas, así como de investigaciones concretas del trabajo de las colectividades rurales, el análisis de sus formas de organización del trabajo, su especialización y de los factores subjetivos (mucho menos, también de los objetivos) del cambio de la organización y el grado de eficiencia del trabajo. Vale afirmar una praxiología que examina la interacción de los individuos, así como del individuo y el colectivo en el proceso de vida y producción.

En el mismo contexto internacional se reseña la investigación llevada a cabo por Delgado, Álvarez y, Yánez. (2018), titulada "Uso indiscriminado de pesticidas y ausencia de control sanitario para el mercado interno en Perú". Este trabajo, se llevó a cabo con el propósito de notificar el nivel de contaminación de los alimentos de origen animal y vegetal monitorizados por la autoridad sanitaria en Perú, que realiza el Servicio Nacional de Sanidad Agraria (SENASA), y sus resultados se constituyeron en fuentes de información para consumidores y autoridades nacionales de la situación del control sanitario del mercado interno en el país.

La información que se obtuvo del estudio, fue divulgada mediante informes publicados en la página web del SENASA. Los datos considerados corresponden a los de los informes de evaluación de todos los tipos de alimentos de origen vegetal y animal analizados en el período comprendido entre 2011 y 2015. Entre las conclusiones más relevantes se tiene:

> Para este período, los resultados muestran que 202 muestras de animales y vegetales incumplen las normas (son no conformes). El porcentaje de muestras de alimentos de origen animal no conformes fue 12,68% y el correspondiente a alimentos de origen vegetal, 24,87%. En el periodo estudiado, se observó un aumento de 30,73% de las muestras no conformes, que incluso ha alcanzado 50%. Los niveles de contaminación de los alimentos de

origen animal y vegetal monitorizados por el SENASA son preocupantes. (p. xi)

Con base en esos resultados, los autores recomiendan a las autoridades competentes:

> iniciar acciones concretas para afrontar esta situación, confiando en que estas acciones sean priorizadas y planificadas con la participación de todos los actores del sistema agrícola de Perú a fin de introducir los cambios regulatorios necesarios y establecer indicadores claros, medibles y alcanzables de monitorización y control para proteger la salud de la población. (p. 95)

La investigación sobre el "Uso indiscriminado de pesticidas y ausencia de control sanitario para el mercado interno en Perú", señala en su momento lógico, la importancia de "...establecer programas de monitoreo de contaminantes que afecten la seguridad de los alimentos y piensos primarios agropecuarios que puedan poner en peligro la salud de las personas" (p. 11), dejando ver lo relevante de desarrollar desde la organización pública, planes que involucren el ámbito geográfico, el tipo de alimento, el número de muestras a analizar, así como los procedimientos a seguir en cuanto al manejo de agroquímicos en el entorno inmediato. Igualmente, el trabajo refiere que:

> El principal aspecto que explica la contaminación es el uso no adecuado de insumos químicos en el trabajo agrícola relacionado con la producción y el procesamiento primario, además del asesoramiento, la orientación y la supervisión deficientes en el uso de estos productos por parte de los fabricantes o de las autoridades del sector. (p. 56).

Razón por la cual, los autores refieren que los resultados obtenidos en relación con la contaminación de los alimentos son altamente preocupantes, además que a ello se adiciona el hecho de que la población no tiene un conocimiento real de las características y los problemas asociados con el consumo de estos productos que se ingieren cotidianamente. Por tanto, sugieren la realización de acciones para fomentar entre otras cosas, el manejo integrado de plagas, la promoción para un mayor uso de agentes de control biológico y extractos vegetales la reducción de la dependencia de plaguicidas químicos y, por lo tanto, la orientación de los productores agrícolas para desarrollar la agricultura bajo el modelo sustentable, así como mejorar la calidad ambiental y la calidad de vida de las personas.

El trabajo de Delgado, Álvarez y, Yánez, va directamente a una de las aristas de la situación contextualizada como problema en la presente producción doctoral, pues, señala elementos ontológicos como lo son:

> la contaminación de los alimentos y los daños para la salud que ocasiona la ingesta permanente e inadvertida de sustancias tóxicas. Se debe tener en cuenta que en un producto con residuos agroquímicos (tomate, patata, zanahoria, frutas, etc.), incluso si se lava o hierve, las sustancias químicas permanecen y eventualmente causan daño por su acumulación en el organismo (p. 61)

Además, explican los autores, sobre la indumentaria de fumigación que debe utilizarse para proteger a los usuarios, por ser necesario siempre alertar "...sobre los riesgos para la salud de los trabajadores del campo que tienen los agroquímicos" (p. 63), dado que no existe duda, en cuanto a que "...estos productos continuaran en uso, dado que todavía las técnicas ecológicas no garantizan la producción de suficiente comida para alimentar a toda la humanidad" (p. 66). Es por ello, que el trabajo de los autores en reseña habla de la necesidad de explicar a población sobre la toxicidad de los agroquímicos y del riesgo que representan para el usuario.

En el informe científico de Delgado. Álvarez. y, Yánez, se hace referencia a "...la responsabilidad de protegerse mediante procedimientos básicos de seguridad" (p. 66), lo cual, conduce a formar en la noesis de los trabajadores agrícolas el imperativo de protegerse con trajes de fumigación, lo cual, según estos autores, representa varios retos en los tiempos actuales, dado, que "...un trabajador no debe quedar expuesto al contacto con los químicos que se absorben por la piel (p. 68). Al respecto, señalan que el primer reto consiste en comprender que:

> Durante las aplicaciones de agroquímicos se pulveriza la solución tóxica y a pesar de tener cuidado de aplicar en la dirección del viento para que el producto no se devuelva, siempre hay contacto con el veneno, esto se agrava dentro de los invernaderos que son espacios cerrados y el producto queda concentrado dentro de la casa de cultivo. (p. 69)

En ese mismo contexto, hacen referencia que para lograr la protección de los trabajadores agrícolas "...los trajes de fumigación, anteriormente solían confeccionarse con goma o plástico en unos diseños parecidos a los trajes espaciales" (p. 73), y ciertamente con ellos, se logró efectivamente alejar al aplicador del contacto con el tóxico, sin embargo, este tipo de material

> creaba el problema que el calor corporal producto de la transpiración del cuerpo no se disipaba y el aplicador sufría de estrés por calor, este problema es particularmente grave en las zonas tropicales cálidas donde las temperaturas son consistentemente altas a diferencia de lugares como la pampa de San José de donde las temperaturas son más primaverales. (p.73)

Esto lo explican los autores, en virtud que la actividad física corporal calienta el cuerpo humano, y para que la temperatura descienda, produce el sudor, el cual, se evapora mediante el proceso termodinámico, arrastrando el calor corporal para finalmente regular la temperatura corporal. También refieren los relatores del estudio sobre "Uso indiscriminado de pesticidas y ausencia de control sanitario para el mercado interno en Perú":

> Si existe alta humedad relativa o si hay algún impedimento al paso del vapor de agua como ocurre en los trajes de fumigación descritos en los párrafos anteriores, entonces no se disipa el calor y la actividad de fumigar, que implica moverse cargando una mochila, puede convertir este ejercicio en una verdadera sauna. (p.74)

Ante las condiciones y variables mencionadas, Delgado. Álvarez. y, Yánez, reseñan como segundo gran reto en la confección de las indumentarias de seguridad a usar cuando se fumiga el "...evitar la entrada de líquidos y a la vez permitir el intercambio gaseoso para que no se acumule ni humedad, ni calor dentro del traje de fumigación..." (p. 74), máxime si se trata de zonas tropicales cálidas, en las cuales la temperatura pueda superar 35° Celsius, fuera de los trajes de fumigación (la temperatura promedio en el sector el Guayabo es de 36° Celsius).

Igualmente, plantean un tercer reto, referido a la movilidad del usuario, durante el proceso de aplicación del agroquímico, ya que, durante este proceso, los trabajadores "...deben caminar distancias considerables si la fumigación se realiza a pie o hay que operar una máquina si se realiza con un tractor" (p. 74). Generalmente, la operación dura tiempos que sobrepasan media hora, y la indumentaria de seguridad para la fumigación "...debe permitir libertad de movimiento, para mantener las condiciones de confort y así mismo la productividad del operario" (p. 75).

El cuarto reto que identifican Delgado. Álvarez. y, Yánez, es la vida útil del traje, ya que como lo señalan los autores en reseña "...los costos de producción en la agricultura son cada vez mayores y los trajes de fumigación tienden con el movimiento a fatigarse, produciendo su deterioro" (p. 75).Además, que "...la vida de los trajes de fumigación se reduce es el roce en la entrepierna al caminar y con el follaje del cultivo, por tanto, el material con el que estén fabricados debe resistir estas condiciones de estrés" (p. 75).

Como se puede apreciar, el trabajo de sobre "Uso indiscriminado de pesticidas y ausencia de control sanitario para el mercado interno en Perú", brinda aportes de orden socioeducativo a la teorética praxiológica ambiental desde el enfoque sociocomunitario para la concienciación sobre el uso de agroquímicos en las unidades de producción agrícola familiar en el sector El Guayabo del municipio Achaguas del estado Apure, pues, uno de los puntos álgidos en el uso de agroquímicos, tiene que ver con las medidas de seguridad.

También se reseña la investigación realizada por Mansilla, (2017), de la cual, su título es "Impacto ambiental de la aplicación de plaguicidas en siete modelos socio-productivos hortícolas del Cinturón Verde de Mendoza", presentada en la Universidad Nacional de Cuyo, en la provincia de Mendoza, República de Argentina. En dicho trabajo la autora, esgrimió como objetivo general "...Comparar el impacto sobre el ambiente y sobre las personas, mediante el cálculo del Cociente de impacto ambiental, de los plaguicidas en distintos modelos productivos hortícolas del Cinturón Verde en la provincia de Mendoza" (p.10). Entre sus conclusiones significativas al argumento de la teorética praxiológica ambiental desde el enfoque sociocomunitario para la concienciación sobre el uso de agroquímicos en las unidades de producción agrícola familiar, se tiene:

> se destaca la importancia de contar con una receta agronómica obligatoria en la provincia, con el fin de minimizar la exposición laboral a los plaguicidas de los trabajadores agrícolas, la contaminación de los alimentos y el impacto sobre el ambiente en general. (p. 77)

Postura con la cual, la autora hace ver que a pesar de que los plaguicidas se desarrollan a través de procesos regulatorios (a veces estrictos), con el fin de minimizar el impacto en la salud humana y el ambiente, la preocupación respecto a los riesgos asociados a la salud ha venido "*in crescendo*". Especialmente, en lo que respecta a aquellos grupos donde la resultante es producto de la exposición ocupacional, Al respecto Mansilla señala que los principales afectados son "...los trabajadores agrícolas, los trabajadores de la industria química y toda persona que mezcla, carga, transporta y aplica plaguicidas formulados" (p.32).

Sobre el particular anterior, la autora en reseña, sostiene que el nivel de exposición y el riesgo de intoxicación aguda en los grupos mencionados son mayores, debido al contacto continuo y estrecho con los productos químicos (como es el caso de las familias campesinas ubicadas en el sector El Guayabo del municipio Achaguas). Pero, también refiere que

> La población en general, está expuesta a la intoxicación a través del consumo de alimentos, tanto de origen vegetal (frutas, verduras, cereales, leguminosas) como animal (carne bovina, porcina, pescado, productos lácteos, huevo, etc.) y en menor medida a través del agua y el aire contaminados. (p. 32)

En general, las fuentes mencionadas por Mansilla en la cita precedente, son generadoras de intoxicaciones crónicas, así como también lo es "...la exposición a productos industrializados de uso cotidiano que contienen o son plaguicidas en sí mismos y afectan de manera directa o indirecta al ser humano" (p. 32). Por lo que se puede afirmar que no hay sector alguno de la población que esté exento a la exposición de estos compuestos y a sus potenciales efectos nocivos sobre la salud.

El trabajo de Mansilla, también aporta a la presente construcción teorética cimientos para denotar como las vías de entrada de compuestos químicos al organismo humano pueden ser variadas y simultáneas. Con relación a ello, la autora del Impacto ambiental de la aplicación de plaguicidas en siete modelos socio-productivos hortícolas del Cinturón Verde de Mendoza, señala como las más comunes:

> la vía dérmica, la digestiva y la respiratoria. En el ámbito laboral la vía dérmica es la más importante, pues a través de ella y en función de la superficie de piel expuesta, se absorben cantidades significativas de diversos plaguicidas. Una vez absorbidos, los plaguicidas liposolubles difunden a través de los componentes grasos de la piel y la sangre, mientras que aquellos con moléculas

> hidrosolubles lo hacen a través del material proteico intracelular (p. 33).

Así las cosas, se tiene que en el ámbito laboral (que es el cotidiano de las familias del sector El Guayabo), se detecta durante la actividad agrícola el uso de fumigantes en forma de gases, polvos, vapores y nebulizaciones, las pulverizaciones, de productos líquidos o los espolvoreos de sólidos, los cuales, se colocan en el organismo humano por la vía respiratoria. Sobre este particular, Mansilla afirma que "La fineza y delgadez del epitelio alveolar favorece el intercambio de gases en el pulmón; sin embargo, también permite una rápida y eficiente absorción de plaguicidas, que por vía aérea son captados rápidamente hacia el torrente sanguíneo" (p.33). En la población general la vía aérea es también otra importante ruta de absorción. Sobre este particular, Mansilla reseña que:

> La frecuente aplicación de plaguicidas en zonas de cultivo, su arrastre por el viento hacia zonas aledañas y el uso común en el hogar de productos en aerosol favorecen la presencia del producto en el ambiente de forma continua y en pequeñas cantidades (p.33).

Como se puede apreciar, el trabajo de Mansilla lega a la teorética praxiológica ambiental desde el enfoque sociocomunitario para la concienciación sobre el uso de agroquímicos en las unidades de producción agrícola familiar en el sector El Guayabo del municipio Achaguas del estado Apure, un significativo orden de contenidos conceptuales a ser considerados a la hora de hacer frente al desarrollo de competencias humanas y formación humanizante, a partir de un mecanismo orientador del quehacer ecológico formulado desde la educación ciudadana y el desarrollado de la dialogicidad ambiental en las comunidades rurales.

En el contexto nacional

Beroes (2020), presentó una tesis Doctoral titulada: Educación ambiental como campo de acción para la integración de la conciencia social en escenarios universitarios, presentado ante la dirección de estudios avanzados de la Universidad Nacional Experimental de los Llanos Occidentales "Ezequiel Zamora", para optar al título de Doctor en Ambiente y Desarrollo. La investigación tuvo como propósito generar una teorética transdisciplinaria para el fortalecimiento de la educación ambiental como campo de acción para la integración de la conciencia social en escenarios universitarios.

En su teorización, el autor ha desvelado la importancia de fortalecer la educación ambiental como un aporte para la búsqueda de la integración de la conciencia social, elemento este que sin duda está ligado a la praxiología ambiental para lograr construir escenarios de concienciación en el uso de agroquímicos en las unidades de producción agrícola familiar en el sector El Guayabo del municipio Achaguas del estado Apure, y en este sentido Beroes sostiene:

> el ser humano se encuentra inmerso y toma de decisiones conducentes al aprovechamiento racional, responsable, presente y futuro del patrimonio socio-cultural y los recursos ambientales; la cultura de la salud en sus dimensiones de autodesarrollo, creatividad y participación protagónica; así como minimizar escenarios de amenazas y riesgos físico-naturales en el mejoramiento de la calidad de vida como base del bienestar social. (p. 7. El subrayado es del autor)

Para hacer referencia a la aceptación que toda actividad humana está sujeta a la generación de hábitos y que todo acto reiterativo, produce pautas de comportamiento que "*a posteriori*" pueden reproducirse mediante una socialización y que en lo inmediato serán aprehendidas y seguidas como un patrón por quien las ejecuta. En este sentido:

> Los procesos de habituación desarrollados mediante la socialización entre los congéneres de una comunidad, son los que anteceden a la institucionalización, la cual aparece cuando la sociedad decide tipificar las acciones habitualizadas de manera recíproca por un determinado grupo etáreo o tipos de actores determinados. (p. 8)

Es decir, desde la postura de Beroes, se percibe que educar ambientalmente a los pobladores del medio rural conlleva a que se produzca en la noema colectiva hábitos tendientes a la utilización racional de las tecnologías agrícolas para entre otras cosas, evitar un mal manejo de los agroquímicos que arriesgue la salud humana y el ambiente, además de pérdidas económicas. Se quiere decir, que, ante la intensificación de la agricultura y la demanda de productos agroquímicos, necesario es que los operarios tengan que emplear de manera más eficiente y correcta tales insumos, en ese sentido, resulta indiscutible que, si los pobladores se encuentran capacitados y actualizados en la aplicación eficiente de los agroquímicos, su uso y aplicación minimizará los riesgos en la salud humana y mitigará los impactos en el ambiente.

El trabajo de Beroes ofrece claves importantes para que la teorética praxiológica ambiental para lograr construir escenarios de concienciación en el uso de agroquímicos en las unidades de producción agrícola familiar en el sector El Guayabo del municipio Achaguas del estado Apure, atienda al principio de "educabilidad social" desde el enfoque sociocomunitario, en tanto que aporta:

> herramientas para la participación responsable y corresponsable de las personas...atendiendo a las dimensiones política-social-económica-ambiental, para la construcción de una nueva racionalidad socio-productiva-ecológica, surgiendo de allí los nuevos paradigmas para la integración del proceso de desarrollo sustentable desde la dinámica ecológica y poblacional. (p. 41)

El estudio, educación ambiental como campo de acción para la integración de la conciencia social, también hace aportaciones en cuanto a las "...estructuras del proceso formativo, mediante el cual, se busca la formación integral de ciudadanos críticos, conscientes y solidarios dentro del proyecto nacional" (p. 32), lo que implica el desarrollo de procesos de formación y concienciación, promoviendo la articulación e intercambio, entre organizaciones populares, movimientos sociales e instituciones para lograr el manejo ambiental responsable y sustentable, elemento, insoslayablemente ligado a la praxiología ambiental en la construcción de escenarios de concienciación en el uso de agroquímicos.

Igualmente, es investigación previa del presente trabajo, la tesis doctoral titulada: Agroecología y agricultura campesina sustentable en Venezuela. Caso: sector Los Algarrobos, municipio Biruaca, estado Apure, desarrollada por Alfonzo (2018). En esta producción intelectual, su autor se fijó como objetivo: generar una aproximación teórica acerca de la Agroecología y Agricultura Campesina Sustentable desde la visión de los productores del sector Los Algarrobos, Municipio Biruaca del estado Apure. Esgrime su argumento este autor, en la búsqueda de alternativas que lleven a:

> la reflexión crítica, continua y permanente como principio fundamental en la construcción de orientaciones para la formación de una nueva conciencia social y política; y la instrumentación de nuevas herramientas conceptuales, traducidas en teorías, categorías y métodos que posibiliten la aplicación de los principios ecosocialistas, basados en la agroecología y la agricultura campesina sustentable. (p. 19)

Para ello, plantea un modelo fundamentado en el principio de:

> Racionalidad tecnológica: para eliminar progresivamente el uso de insumos externos sintéticos que tienen el potencial de dañar el ambiente, e ir hacia el uso de insumos de origen natural y fuentes renovables de energía, tanto para el aporte nutricional como para el manejo de plagas, enfermedades y arvenses. (p. 43).

El cual considera esencial en la educación de los niños y niñas campesinos para alcanzar formas de construcción social que lleven a alcanzar la mayor suma de felicidad social. Para ello, Alfonzo considera que necesariamente se debe "...acelerar el cambio de conciencia colectiva para ir de los patrones de consumo exacerbados y depredadores hacía la cultura ecocomunitaria" (p. 244), En este sentido, el autor de la aproximación teórica acerca de la Agroecología y Agricultura Campesina Sustentable desde la visión de los productores, plantea que se entienda la racionalidad tecnológica como:

> el ejercicio noético (sic) acerca de los sistemas tecnológicos, en tanto, sistema de relaciones no lineales, con componentes, estructuras y objetivos, que modifican un espacio, proceso o procedimiento mediante la intervención en las condiciones de existencia de los sujetos, (materiales, energéticas, simbólicas, organizacionales, otras) para orientar los modos de ser y estar en el tiempo y en el espacio. (p. 246)

Haciendo ver de esta manera la necesidad de producir cambios en el proceso productivo agrícola, el cual, depende mayoritariamente del uso de agrotóxicos y fertilizantes químicos, y que representa barreras para el impulso de un modelo de desarrollo alternativo fundamentado en la sustentabilidad ecológica, cultural, social y política, donde los colectivos comunitarios participan de manera protagónica mediante interactuaciones para consensuar fórmulas de desarrollo sustentable con tecnologías de bajo costo, mínimo impacto ambiental y por consiguiente menor riesgo para la salud de los trabajadores agrícolas.

La postura de Alfonzo, se convierte en una aportación la teorética praxiológica ambiental desde el enfoque sociocomunitario para la concienciación sobre el uso de agroquímicos en las unidades de producción agrícola familiar en el sector El Guayabo del municipio Achaguas del estado Apure, ya que su argumento señala que una "...una Educación en valores, es necesaria para poder interpretar la información del exterior y desarrollar actitudes para la protección del ambiente y el aprovechamiento racional de los recursos" (p. 205), siendo de esa manera que se aspira desde la praxiología ambiental, el cambio de pensamiento de los trabajadores agrícolas en cuanto al uso de agroquímicos.

Otro referente que se registra como investigación previa de esta producción doctoral es el trabajo: Patios Productivos Modelo Sustentable de Seguridad Agroalimentaria en las Comunidades Urbanas y Suburbanas del Municipio Ezequiel Zamora del Estado Cojedes, presentado por Rosario (2015). En esta investigación, el autor tuvo como objetivo general: potenciar la producción de hortalizas en los patios productivos o unidades de producción agrícola, mediante el diseño de un modelo agroecológico sustentable. Argumenta Rosario, en la búsqueda de alternativas para "...mejorar la economía familiar y la calidad de vida de los habitantes de estas comunidades..." (p. 1).

Para lograr su propósito investigativo, el autor formuló un modelo fundamentado en "...el aumento de las labores agrícolas, involucrando la diversidad vegetal y las practicas agroecológicas..." (p. 1), el cual se basa en la participación de los colectivos para la realización de interactuaciones destinadas a lograr consensos y fórmulas de desarrollo sustentable a partir de tecnologías de bajo costo y mínimo impacto ambiental. Los preceptos de Rosario, se convierten en aportaciones para el presente estudio en cuanto la puesta en práctica de acciones cotidianas dentro de la praxiología ambiental y el uso racional de los agroquímicos, ya que su proposición teórica "...combina el conocimiento campesino tradicional, con los sistemas agrícolas actuales, beneficiando la economía de las familias y del ambiente" (p. 1).

Igualmente, dentro del argumento desarrollado por Rosario, se aprecia como una de las variables a medir 'la participación de los colectivos', concepto éste, directamente relacionado con la teorética praxiológica sobre el uso de agroquímicos en las unidades de producción familiar del escenario abordado (sector El Guayabo), dado que el enfoque comunitario constituye uno de los constructos teóricos entramados a la presente indagación. De interés, resulta mencionar que en su trabajo Rosario, presenta claves transcendentales para la adaptación de nuevas tecnologías que incluyen la disminución del uso de agroquímicos como forma de llevar a la sostenibilidad la actividad desarrollada por las personas dedicadas a la actividad agrícola.

Con respecto al comentario anterior, Rosario ha escrito "...la agricultura para ser sustentable, debe ser concebida como un proceso multidimensional en el cual la tríada: equidad, ambiente y economía se sostienen en principios éticos, culturales, socioeconómicos, ecológicos, institucionales-políticos y tecno-productivos..." (p. 3). Precepto que coincide con el pensamiento del autor, quien concibe el desarrollo sustentable en estrecha relación con la calidad de vida y salud de las personas. Aun y cuando el trabajo de Rosario tomó como escenario las Comunidades Urbanas y Suburbanas; su propuesta de dar relevancia a una nueva conciencia social para las prácticas agroecológicas como conducta de desarrollo humano, le hace aportante a la búsqueda de soluciones agroecológicas y sustentables al problema de la actividad antrópica detractora del ambiente y la humanidad.

Rosario también deja ver la importancia de fortalecer en los sistemas agrícolas el conocimiento campesino ancestral, pues, el mismo "...representa una nueva visión de cambio o transformación de la actual realidad ambiental y una estrategia hacia la sustentabilidad..." (p. 6), planteamiento compartido completamente por el autor, ya que es sobre esa práctica que se puede alcanzar escenarios de satisfacción en cuanto a la calidad de vida y salud de las personas, además de ser la alternativa más loable, para minimizar el impacto ambiental negativo generado por el uso de agroquímicos en los procesos productivos tradicionales.

Como se puede observar, estas investigaciones previas en sus momentos lógico y teórico han referido que los aspectos fundamentales de los agroquímicos relacionados con la salud humana y el ecosistema, y la evidencia de los riesgos que conlleva el uso excesivo e indiscriminado de estos productos; constituyéndose en simientes de valor para la construcción de la teorética praxiológica ambiental desde el enfoque sociocomunitario para la concienciación sobre el uso de agroquímicos en las unidades de producción agrícola familiar en el sector El Guayabo del municipio Achaguas del estado Apure.

Teorías referentes

Teoría Neohumanista o teoría de la utilización progresiva (PROUT): Propuesta por Prabhat Ranjan Sarkar (1961), se trata de una reinterpretación del humanismo, desde donde se expone una integración del marco ideológico, a partir de la proposición teórica de la "uniformidad de vida", la cual, explica mediante la premisa: todos los seres vivos pertenecen a una "familia universal" que merece el mismo cuidado y respeto. Conceptualizando de esta manera lo que denominó un nuevo humanismo o neohumanismo. Para Sarkar, el neohumanismo es el humanismo del pasado, el humanismo del presente y el humanismo del futuro que explica a la humanidad bajo una perspectiva en la cual, se amplía el camino del progreso humano y se facilitará el andar en el mundo.

A partir de la aplicación de los principios: primero, no debería haber acumulación de riqueza sin el permiso de la sociedad; segundo, debe haber una máxima utilización y distribución racional de los recursos brutos, sutiles y causales; tercero, debe haber una utilización máxima de las potencialidades físicas, mentales y espirituales de los seres individuales y colectivos; cuarto, y causales y, quinto, las utilizaciones varían de acuerdo con el tiempo, el espacio y la forma; las utilizaciones deben ser progresivas, se plantea una nueva inspiración que proporciona a las personas la interpretación para la idea misma de la existencia humana, lo cual ayudará a la gente a comprender que los seres humanos deben aceptar la gran responsabilidad de cuidar del universo entero.

De allí que Ranjan (2006), exprese que es "...necesario una transformación del sistema y del ser humano. Para establecer la ética, los derechos humanos, ecológicos y espirituales en la vida social" (p. 11), como forma primaria del pensamiento para que los congéneres humanos conciban como cultura "La idea es compartir los recursos del planeta para el bienestar de todos los seres" (p. 27 ob. cit). Es decir, filosóficamente se trata de buscar una praxiología realmente ambientalista que lleve a "...alcanzar la justicia social y el equilibrio ecológico combinado con la realización espiritual. La búsqueda de la vida digna y la felicidad espiritual" (p. 29 ob. cit), para garantizar un sistema social que dure en el tiempo (que sea sustentable) y traiga la real felicidad y realización del ser humano en todos los campos.

Con relación al tema de los agroquímicos en específico, la postura neohumanista, aporta al presente estudio simientes filosóficas relacionadas con el hecho de concebir la agricultura como actividad que "...debe ser conducida de forma tal que provea a las necesidades alimenticias de pueblo, así como también productos domésticos, materiales de construcción, combustibles, materias industriales, etc." (p. 115. ob. cit). Se quiere decir, la agricultura, actividad central de las familias del sector rural, "...debe ser desarrollada de acuerdo con los principios de la democracia económica, descentralización, economía equilibrada y otros factores relevantes" (Ranjan. 2006. p. 117), y en ese sentido, el neohumanismo, propugna una revolución en el sector agrario basada en la utilización de las técnicas biológicas más avanzadas. Uno de los elementos esenciales que la teoría de la utilización progresiva, aborda con relación a la praxiología ambientalista para el uso racional de agroquímicos, es la propuesta de un sistema de agricultura sostenible y en equilibrio ecológico en el cual:

> En la medida de lo posible deben usarse fertilizantes orgánicos. Esta medida mantiene la fertilidad del suelo. Compuestos de vanguardia y técnicas de combinación de plantaciones, aliadas a un énfasis en la investigación, pueden traer un considerable y armonioso progreso en la agricultura. Muchos grupos independientes e individuos están desarrollando e implementando técnicas y sistemas como la agricultura y bio-dinámica, permacultura, compuestos microbiales, radiaciones y mucho más. La agricultura descentralizada propicia tales técnicas. (Ranjan. 2006. p. 117)

Para el neohumanismo, el pensamiento de los ciudadanos debe educarse para aceptar que la agricultura es la base de la economía por eso le da mucha importancia a la educación de las familias campesinas, haciendo énfasis en propiciar desde la familia y la escuela el desarrollo de la producción agrícola orgánica lo máximo posible, para evitar las personas que utilizan agroquímicos en condiciones muy primitivas, sin equipo de protección apropiado y sin la formación necesaria, comprendan que "...se están suicidando con estos compuestos, o personas expuestas accidentalmente por consumo de alimentos o bebidas fuertemente contaminadas, están propensas a sufrir efectos agudos por este tipo de intoxicaciones".(Ranjan. 2006. p. 124)

En este sentido, propone Rajan (2006) que "Para construir una raza humana saludable deberíamos haberle proporcionado una guía adecuada en filosofía, ciencia, en todas las ramas del conocimiento humano (lo cual no hemos hecho)..." (p. 128), dando a entender que la ciencia ha sido utilizada en su génesis con propósitos nobles, pero, sus resultados han sido más destructivos que benevolentes. Al respecto, Rajan, expone "...hemos distorsionado el proceso de pensamiento de los seres humanos; deliberadamente hemos guiado equivocadamente a la gente en vez de llevarla por el sendero adecuado" (p. 128) y en este sentido sugiere que el único remedio es el Neohumanismo, al que considera el "refugio final" como expresión de filosofía de vida llevada a la acción a través de prácticas para la completa realización de las potencialidades individuales del ser humano.

En lo colectivo, el neohumanismo, hace prodigo el propósito de garantizar la satisfacción de las necesidades básicas de los seres humanos y el resto de la biodiversidad, mediante la creación de la consciencia social (concienciación colectiva) para aceptar que "todos los seres tienen derecho a disfrutar de las riquezas del universo y a la convivencia en armonía ecológica" (Ranjan. 2006. p. 131). En este orden y dirección, se puede afirmar que al desbordarse el pensamiento neohumanista por todas las latitudes, las dimensiones de la dicha se activan para unificar armoniosamente la vida individual con la vida colectiva, transformando la realidad circundante a un estadio de plenitud suprema y estado más elevado del logro de la vida humana.

Teoría de la praxiología: expuesta por Ludwig Heinrich Edler Von Mises en 1949. La praxiología representa un método para estudiar las ciencias sociales que hace paralelismo o equivalencia con el estudio de las ciencias experimentales, pero a diferencia de éste, no posee la capacidad de experimentar. Para Von Mises, la praxiología se refiere en esencia al estudio del cómo la "*psique*" humana estructura la noesis de tal manera que, conociendo tal estructura, los seres humanos pueden deducir "*a priori*" los principios que guían las decisiones individuales de cada persona.

El método praxiológico, guarda también similitudes con los métodos usado en las ciencias exactas (matemática y lógica). Para Von Mises (2009) "...no es posible un estudio a través de la experiencia por la imposibilidad de que existan constantes en las relaciones entre variables" (p. 32). De allí que, en su obra, "La acción humana", el propósito del enfoque praxiológico, critique el método matemático y la observación de datos como simientes para el estudio de la economía.

De por sí, Von Mises (2009) considera que "...dichos métodos pueden ser usados en el análisis de la historia económica, pero no son válidos para entender o predecir el comportamiento humano" (p. 37). En tal sentido, afirma que esto es, porque las simplificaciones y los problemas técnicos en la recogida de datos modifican de tal modo la relación entre las variables que puede alterar la relación y causalidad que, "...a priori y basándonos en hipótesis deductivas, persigue el ser humano para alcanzar su fin" (Von Mises. 2009. p. 37).

Se quiere decir, que todo estudio de la economía realizado con base en datos empíricos, es un estudio hechos pretéritos, en tanto no brinda, sino aportes referentes para deducir una pauta de comportamiento en los sujetos. Dentro del enfoque praxiológico, las hipótesis que se formulan sobre la acción humana están vinculadas a elementos como el valor de la operación, la riqueza, los términos de intercambio, precios y costos. Así como también, a la valoración subjetiva relacionada con la escala de valores del individuo, la relativa importancia del asunto, la escasez de recursos, otros. En ese orden de ideas, von Mises. (2009), sugiere que de ese modo:

> puede extraerse una acción humana que corresponda de forma racional a la maximización del sujeto de su bienestar individual. La consecuencia de aplicar este sistema a las ciencias sociales es que el estudio de la "economía" no solo mide las relaciones humanas mesurables, sino aquellas que no pueden medirse en términos monetarios, pero presentan relaciones de intercambio, siendo dicho conjunto conocido como "acción humana" y representando este concepto un tramo de acción acotado, que posteriormente formando fenómenos complejos sea el que defina el comportamiento del individuo. (p. 55).

Este conjunto de conocimientos es susceptible de imbricarse a todas las disciplinas de las ciencias sociales, lo mismo a la administración, la educación, la ecología y/o la sociología, pero sin el carácter historicista que Mises le atribuye a esta última. Otra consecuencia del enfoque praxiológico es que para Von Mises (2009) "...todas las demostraciones empíricas no sirven para nada, ya que se basan en el estudio de datos, pero esta relación puede cambiar" (p. 59). En tal sentido, Von Mises, no contempla una categoría de ciencia donde sus leyes sean mutables y por ello todos los axiomas demostrados matemáticamente no tienen la consideración de economía, en todo caso, podría considerarse estudio de la historia económica.

Von Mises, asume como postura que las acciones devenidas de la praxiología resultan inconmovibles, por tanto, se erigen como leyes humanas, las cuales, bajo ninguna circunstancia van a depender del tiempo o cualesquiera otros factores. En razón de ello, pueden ser observadas y analizadas, o no, dentro de la realidad circundante y desde el análisis de datos e información, supeditados a la complejidad que caracterice a los fenómenos.

El análisis precedente, muestra como el enfoque praxiológico, brinda cimientos al estudio teorética praxiológica ambiental desde el enfoque comunitario para la concienciación social sobre el uso de agroquímicos, ya que orienta teóricamente, cuál debe ser la acción para alcanzar el desarrollo de competencias ciudadanas y formación ciudadana, a partir de un mecanismo en el quehacer pedagógico, formulado *desde* la educación ambiental y desarrollado en los escenarios colectivos comunitarios. Es decir, el enfoque praxiológico, se muestra como la estrategia pedagógica para el reconocimiento de necesidades sociales de manera no convencional, que invita en doble vía a la inclusión, la innovación y al desarrollo de competencias de tipo social.

Específicamente, en el caso de la concienciación social sobre el uso de agroquímicos, la metodología praxiológica consiste en involucrar a diversos sectores de la sociedad para la reconstrucción de espacios democratizados e incluyentes, a partir de la reflexión y discusión de una formación ciudadana pensada desde y para la población en aras de lograr acciones colectivas que lleven a reducir el uso de agroquímicos y el desarrollo de formas de producción agroecológicas.

Teoría de la Pedagogía Constructivista: posición compartida por diferentes tendencias de la investigación psicológica y educativa, entre las cuales destacan las teorías del aprendizaje de autores como: Jean Piaget, Lev Vygotsky, David Paul Ausubel, Jerome Bruner y otros. Es el constructivismo una teoría que pretende explicar, cuál es la naturaleza del conocimiento humano. Esta postura epistemológica sobre la construcción del conocimiento, describe los procesos de construcción noética como esencialmente activos. Se quiere decir: una persona que construye nuevos conocimientos, los incorpora a sus experiencias apriorísticas, convirtiéndoles en elementos de su propia estructura mental.

Para los constructivistas, cada conocimiento que se construye se va consolidando al entramarse con otros en una red de saberes y experiencias que previamente fueron construidos y en todo caso, socializados con los congéneres y convivientes. El proceso de construcción en primera instancia resulta de la subjetivad individual, ya que cada persona va modificando según sus experiencias. Al respecto, Piaget (1991) plantea que "La experiencia conduce a la creación de esquemas mentales que almacenamos en nuestras mentes y que van creciendo y haciéndose más complejos mediante dos procesos mutuamente complementarios: la asimilación y la acomodación (p.76).

El constructivismo, también tiene un fuerte componente social, en este sentido, Vygotsky (2010), sostiene que "...el desarrollo cultural aparece doblemente, primero en un nivel social y luego a nivel individual" (p. 66), para explicar que las complejas relaciones entre la construcción del conocimiento y el desarrollo, están determinadas por.

> la extensión de la noción de mediación semiótica hacia una mayor comprensión del pensamiento y de su relación con el habla, así como de otros fenómenos implicados en la vida social del lenguaje tales como "voces", modos de discurso, lenguaje social y dialogicidad. (Vygotsky. 2010 p. 68),

Así, esta línea de reflexión teórica, explica como el ser humano construye sus nociones y desarrolla las acciones que guían las aproximaciones empíricas que hace en el campo de lo socioeducativo. En este orden y dirección se comprende la referencia de esta teoría con la teorética praxiológica ambiental desde el enfoque comunitario para la concienciación social sobre el uso de agroquímicos, pues, obvio es que se trata de un proceso insoslayablemente ligado a la formación noética de las generaciones presentes y futuras.

Con relación a lo anterior, se tiene que el constructivismo aporta a la presente investigación, las simientes para explicar como la construcción del conocimiento por parte de los usuarios de la tecnología agroquímica, se produce cuando estos, como arquitectos de sus propios saberes, relacionan conceptos que van a construir, socializar y consolidar, dándoles sentido para sus vidas, a partir de los esquemas experienciales que ya poseen. Así, para que la construcción noética sea verdaderamente significativa, es necesario distinguir aquello que el individuo es capaz de hacer y construir por sí solo y lo que es capaz de construir con la ayuda de otras personas, o sea desde el enfoque comunitario.

Teoría Ecológica de Sistemas o Teoría de sistemas ecológicos. Propuesta por Urie Bronfenbrenner en el año 1979, intenta mostrar la afinidad que se produce entre el sistema social y el ecológico. Los planteamientos de Bronfenbrenner: apuntan en la dirección de definir como los sistemas sociales se agrupan y forman capas o estratos. Esta teoría está íntimamente relacionada con la teoría sistémica, en la que se considera que la familia y sus integrantes están en un continuo intercambio con su entorno en muchos aspectos, debiendo adaptarse a éstos.

Igualmente, la teoría de sistemas ecológicos señala que los cambios de uno (sistema social) afectan al otro (sistema ecológico). Se quiere decir que un cambio en el ambiente afecta a la persona y un cambio en la persona afecta al entorno. Del mismo modo, esta teoría ecológica señala la importancia de concebir al ambiente como un factor determinante en el desarrollo humano, al analizar las relaciones que se producen en él y no solo al sistema en sí. Según la teoría de Urie Bronfenbrenner, existen tres visiones diferenciadas que son:

> - La conducta individual se explica mejor desde la comprensión del contexto en el cual se desarrolla.
> -Los ambientes humanos son extremadamente complejos, e incluyen dimensiones físicas, así como estructuras sociales, económicas y políticas muy elaboradas.
> -Los individuos deben mantener una mutualidad adaptativa con su medio para poder sobrevivir. (Rodríguez. 2018. p. 1)

Bronfenbrenner, a su vez, divide el ambiente en cuatro estamentos o categorías, donde uno va conteniendo a otro yendo del menor al de mayor globalidad y amplitud. Estos estamentos son a saber:

> Microsistema: Nivel más inmediato de desarrollo del individuo. Aquí, la persona desarrolla relaciones interpersonales directas y asume un rol determinado.
> Mesosistema: Comprende las relaciones de dos o más entornos en los que la persona en desarrollo participa activamente.
> Exosistema: Está formado por contextos más amplios donde la persona no participa en forma directa.
> Macrosistema: Contexto más global que ejerce una influencia sobre todos los demás sistemas de desarrollo. (Álvarez. 2020. p. 1)

Así, se explica desde la postura de Urie Bronfenbrenner, cómo los sistemas sociales se organizan de tal forma que los individuos, las familias, las comunidades y las sociedades van construyendo entre ellas capas o estratos de inclusión y complejidad evolutivas, que son al sistema social y al conjunto de otros sistemas en los cuales se producen afinidades y disimilitudes. Cada categoría del sistema opera en constante intercambio con los demás, y el cambio en cualquiera de las partes afecta a las demás. En consecuencia, cada estamento ambiental puede producir efectos negativos o positivos sobre las personas, familias y colectivos sociales, dependiendo del tipo específico de afinidades o disimilitudes que se produzcan en las relaciones sistémicas.

Dentro de la teoría ecológica de sistemas también se señala, que cuando los seres humanos perciben que hay carencia de recursos para satisfacer sus necesidades, se produce "estrés", que puede ser negativo o positivo. Si el estrés es positivo, da la oportunidad de desplegar esfuerzos, aumentar la autoestima y producir la sensación de competencia, identidad, control de la vida y capacidad para relacionarse. Se quiere decir, existe la posibilidad de hacer desarrollo de las potencialidades. Pero, si el estrés es negativo, debido a que no se ha alcanzado actos exitosos, respeto social y, poder, entre otros; se reflejaran cuadros de baja autoestima, ansiedad, culpa, agresividad y desesperación, lo que frena, la posibilidad de avanzar. Para Rodríguez (2018):

> Los seres humanos somos seres sociables, y tenemos la capacidad de relacionarnos tanto con nuestros pares como con nuestro medio; debido a esto, el propósito de cada miembro del colectivo social, desde esta perspectiva, es fortalecer la capacidad adaptativa de la gente, influir en su entorno, además de apuntar directamente a la relación que debiese existir entre las personas y su ambiente social y físico, recalcando la convivencia sana con el entorno y en equilibrio. (p. 1)

Las aportaciones de la teoría ecológica de los sistemas, dan a la realización de un trabajo social como la teorética praxiológica ambiental desde el enfoque comunitario para la concienciación social sobre el uso de agroquímicos, orientaciones sobre cómo se debe intervenir con el ser humano y su ambiente, para formular cambios estructurales que afecten a todo lo relacionado consigo mismo y con sus congéneres. En este sentido, la teoría ecológica de los sistemas, brinda simientes para que se observe al habitante del sector "El Guayabo" como el sistema primario, en el cual, elementos como la historia, creencias, costumbres y reglas, le llevan a funcionar como una estructura caracterizada por presentar límites, elementos, red de comunicaciones e informaciones que determinan el aspecto vital en términos bio-psico-social.

Ese primer "microsistema" es múltiplo (cada miembro de la familia los es) para cimentar el mesosistema constituido por la unidad de producción familiar y otros sistemas como la institución educativa y el consejo comunal operan como un todo, como un conjunto, como una unidad, que se encuentra (y "funciona") dentro un contexto determinado: el medio productivo local (en este caso del sector El Guayabo) y por lo tanto, también inserto en el medio "Exosistema" conformado por el sistema productivo regional y hasta nacional, el cual, deberá intervenirse para buscar que mediante una praxiología adecuada, se produzca el cambio noético que lleve a mitigar algunos riesgos ambientales como por ejemplo la eutrofización de las aguas.

Así las cosas, desde las unidades de producción familiar, cuyos tamaños, formas, rubros productivos, intensidad de aplicación de los recursos, aplicación de los paquetes tecnológicos del agronegocio, los individuos (los miembros de la familia campesina), responden a leyes naturales, económicas, políticas, culturales, familiares y hasta racionales de la vida en el medio rural, que regulan sus actividades, sus flujos internos, sus influencias y sus relaciones con otras unidades productivas de la localidad y de la región.

Así mismo, la teorética praxiológica ambiental desde el enfoque comunitario para la concienciación social sobre el uso de agroquímicos, se nutre de la teoría ecológica de los sistemas al considerar la organización comunitaria como el "Exosistema" en el cual, otro tipo de organizaciones sociales como los niveles de gobierno municipal y regional se imbrican a la actividad de las familias campesinas para de una u otra forma influir en la construcción de la cultura para el desarrollo de un sistema de innovación en métodos de gestión y formas de producción eficientes en armonía con el ambiente.

Visto de esa manera, no cabe duda que la teoría ecológica de los sistemas, aporta desde sus postulados y proposiciones la posibilidad para que la teorética praxiológica ambiental desde el enfoque comunitario para la concienciación social sobre el uso de agroquímicos, constituya un "*corpus*" orientador de la construcción e impulso del modelo histórico social ecosocialista, fundamentado en el respeto a los derechos ambientales y la mejora de la calidad de vida de las personas que desarrollando el principio de la unidad dentro de la diversidad, la visión integral y sistémica, la participación popular, el rol del Estado Nación, la incorporación de tecnologías y las formas de organización de la producción, distribución y consumo, apunte al aprovechamiento racional, óptimo y sostenible de los recursos naturales, respetando los procesos y ciclos de la naturaleza.

El Gráfico 1. muestra la forma como se estructuran los cuatro estamentos o categorías sistémicas expuestas por Urie Bronfenbrenner en su teoría.

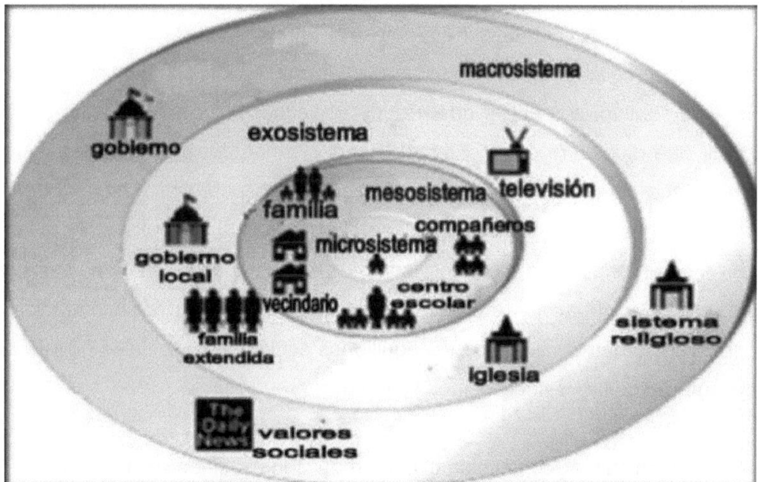

Gráfico 1. Estamentos o categorías sistémicas expuestas por Urie Bronfenbrenner en la teoría de los sistemas ecológicos
Fuente: https://bit.ly/38oxWyl (2020)

Teoría Ecosocialista: Esta es una postura epistemológica que explica los principios e iniciativas orientadas al desarrollo de una política socioambiental desde una perspectiva anticapitalista. Formulada a partir de una serie de conceptos difundidos hace más de siglo y medio por Karl Marx, este movimiento se vio aletargado sustancial y aceleradamente en todo el planeta hasta finales del siglo XX, cuando experimento un resurgimiento, siendo asumido como movimiento doctrinario, social y político. Es decir, sus seguidores lo han aceptado como fórmula democrática, ideológica y conservacionista para enfrentar los grandes males ambientales que sufre el ecosistema planetario.

Como sistema político, desde sus postulados el Ecosocialismo, plantea la articulación de los componentes social-económico-ambiental para la buena "gestión" de los ecosistemas, en los cuales el ser humano interactúa con los demás elementos de la naturaleza y la "congestión" de los colectivos sociales en los cuales los congéneres humanos (que así lo deseen) pueden comunicarse entre sí y conformar una comunidad equilibrada, equitativa y armoniosa que se forme, se informe y se comunique. En este sentido, se explica que en una sociedad ecosocialista "...no puede existir una dicotomía entre el ser humano y la naturaleza, ni pueden existir fenómenos como la exclusión, la dominación y la pobreza" (Löwy. 2004. p. 31)

Lo anterior, lleva a conocer como desde el ecosocialismo se valora en alto grado la interacción entre los mecanismos de formación, información y comunicación en beneficio de los equilibrios ecológicos y sociales en función de lograr escenarios sociales que lleven a:

- Disminuir el consumismo para reducir los efectos de la sobre explotación ambiental.
- Combatir al capitalismo.
- Recuperación de los recursos naturales para las comunidades locales.

> - Administrar los recursos naturales en conjunto entre el estado y las comunidades.
> - Participación ciudadana vinculante en proyectos que afecten al entorno donde viven.
> - Sistema de evaluación ambiental que contemple parámetros eco sistémico y social.
> - Respeto por las comunidades indígenas y campesinas.
> - Combatir la criminalización de los luchadores sociales ambientales que se ven aplastados y criminalizados por las grandes empresas y los poderes del estado neoliberal.
> - Generar nuevas formas de orden productivo que se basen en una economía justa entre los seres humanos y su relación con el ambiente.
> - crear un marco de regulación que proteja a los recursos naturales como bienes comunes. (Retamal. 2019. p. 1)

Esto es, que la "formación" incluye la construcción de conocimientos, educación mutua y recíproca, así como, la conformación y autoformación permanente de los individuos y los colectivos sociales. Estos tres procesos interactivos permiten el crecimiento del ser en sus dimensiones personal y social, un crecimiento de la calidad de vida y del "vivir con dignidad".

Por su parte, la "información" conlleva a hacer claras definiciones de las problemáticas presentes en la realidad planetaria; entender los fenómenos ambientales y de las sociedades humanas insertadas en él; especificar las dificultades de la interactuación naturaleza-colectividades humanas; entenderlos conflictos que surjan e identificar los retos presentes, de tal manera, que desde la noesis colectiva se produzcan proposiciones para solución a problemas socioambientales. La "comunicación", facilita el intercambio equitativo, claro, veraz y valido de la información. Es decir, comunicación supone: oír con atención, expresarse adecuadamente y difundir la información a todos, como elemento esencial para mejorar la vida sociocomunitaria. Como se puede apreciar, el ecosocialismo, desde el punto de vista de interactuación entre el ser humano y la naturaleza, implica:

> salir de la sociedad de la "desinformación" para construir una sociedad de "información", lo que permite a sus miembros opinar, analizar, diseñar un proyecto de sociedad, implementar planes y programas propios, evaluarlos y participar cada vez mejor en la construcción permanente de la democracia. Allí está la democracia directa. (Löwy. 2004. p. 27)

Los planteamientos anteriores permiten asumir que el ecosocialismo como postura, razona la imperante necesidad de salir de la ignorancia, la confusión y la manipulación, "desiderátum" que se podrá alcanzar si se logra intercambios de información y de formación recíproca y permanente para el crecimiento del ser humano y la mejora real de su calidad de vida. Al respecto, cabe reseñar las palabras de Bansart (2013), quien ha expresado:

> El ecosocialismo consiste en "comunicarse" cada vez mejor, convivir con más intensidad y desarrollar la creatividad para el bien común. Un elemento de vital importancia para el buen funcionamiento de la sociedad ecosocialista es el desarrollo de verdaderos medios de "comunicación" social. Los llamados "comunicadores" deben ser excelentes informadores, capaces de recolectar, interpretar y transmitir honestamente las informaciones, expresarlas de manera clara y preocuparse por la retroalimentación (que es, para ellos, otra forma de escuchar y una manera de enriquecerse en el ejercicio de su profesión). (p. 5)

Sobre la base de estos planteamientos, la teoría ecosocialista sostiene que surgen los "eco-ciudadanos", a los cuales, el estado debe ofrecerles una formación para que reciban, escojan y compartan información importante, la descodifiquen correctamente, la analicen y emitan también información de interés para la comunidad. Esto es, porque si tal y como lo plantea Bansart (2013):

> Si el imperialismo y las burguesías que están a su servicio juegan tanto con la "libertad de expresión" y tratan de poseer de manera monopolística los medios para desinformar a la gente y manipular la información, es porque el control de la información y el sabotaje de la comunicación es estratégicamente necesario para seguir

ejerciendo su dominación, seguir saqueando la naturaleza a su antojo y romper el avance del ecosocialismo. (p. 5)

En consecuencia, los Estados para protegerse de la voraz depredación que viene sufriendo la naturaleza, deberían hacer todo lo posible para desarrollar o reforzar la comunicación entre los actores sociales y despertar las conciencias y así contraatacar a un sistema extremadamente depredador. Al observar, los postulados que en cuanto a formación, información y comunicación expone la teoría ecosocialista, se establece la relación con la teorética praxiológica ambiental desde el enfoque comunitario para la concienciación social sobre el uso de agroquímicos, pues, imbrica elementos como conciencia popular, eficacia de la comunicación y fortalecimiento del poder popular, para mitigar los efectos contraproducentes que está produciendo el uso de agroquímicos en la población.

Al respecto, para explotar la naturaleza el ser humano desde hace 500 años, se ha basado en la lógica del deseo compulsivo por consumir, por acrecentar bienes materiales, y esclavizarse a estos y al capital, lo cual, torna imposible la construcción dentro del modelo capitalista de un nuevo sistema ético entre los hombres y su entorno. En este sentido, los postulados ecosocialistas, representan para la teorética praxiológica ambiental desde el enfoque comunitario para la concienciación social sobre el uso de agroquímicos, la orientación para la acción ecologista, mediante la cual, el ser humano hará suyos principios de vida fundamentales debidamente desembarazados de los residuos productivistas.

Al sustentar la praxiológica para la concienciación social sobre el uso de agroquímicos en los principios ecosocialistas, se produce una confrontación directa a la lógica tradicional del mercado y la ganancia, lo que hará incrementarse la compatibilidad de las exigencias de salvaguardia del medio ambiente natural. Dentro del mismo contexto, la teoría ecosocialista, guía la actividad praxiológica para que los organismos sociales, reconozcan que los trabajadores del medio rural y sus organizaciones son una fuerza esencial para la transformación radical del sistema, y para el establecimiento de una sociedad socialista y ecologista en la que el uso de agroquímicos sea una praxis sustentada en los principios de la racionalidad tecnológica que implica el "...manejo agroecológico de la salud de los cultivos que incluye aspectos como el diseño de sistemas equilibrados, el manejo de la salud ambiental y humana y el uso racional de plaguicidas y fertilizantes" (Arauz. 1996. p. 7)

Otro aspecto de la teoría ecosocialista aportante a la teorética praxiológica ambiental desde el enfoque comunitario para la concienciación social sobre el uso de agroquímicos, se encuentra en el principio del buen vivir, del cual, se toma el postulado de la "Vida Plena", en plenitud, en armonía y equilibrio con la naturaleza y en comunidad, para que se establezcan relaciones armoniosas entre las personas, la comunidad, la sociedad, a partir de la construcción de conocimientos que lleven al uso de agroquímicos de manera más racional, dado que esta evidenciada la necesidad de buscar alternativas en este sentido.

Tambien, la teoría ecosocialista, aporta a la presente producción doctoral los postulados que refieren el potencial de la agroecología para promover cambios sociales y agrarios trascendentes encaminados a la sustentabilidad a partir de proyectos, iniciativas y movimientos de inspiración agroecológica de manera epistemológica, técnica y social, para ir generando cambios enfocados en la autosuficiencia local, la conservación y regeneración de la agrobiodiversidad, para producir alimentos sanos con bajos insumos y a empoderar a las organizaciones comunitarias campesinas. Estos cambios constituyen desde la praxiología ambiental la apertura de nuevos derroteros para que las comunidades agrícolas construyan alternativas opuestas a las políticas basadas en la agroindustria y en las agroexportaciones. Sobre este particular, Le Quang y Vercoutère (2013) señalan:

> De acuerdo con estos principios, parecería necesario evolucionar de una concepción antropocéntrica de la organización económica y social que amenaza la supervivencia de la especie humana y de toda forma de vida en el planeta, a una concepción biocéntrica. Esto implicaría, en primer lugar, una desmercantilización de la naturaleza, el sometimiento de los objetivos económicos a las leyes de funcionamiento de los sistemas naturales y el respeto de la dignidad humana a la par de una necesaria mejora de la calidad de vida de las personas y de las comunidades. (pp 32-33)

Elementos susceptibles de ser alcanzados, si mediante la praxiología ambiental, las comunidades se van obligando a pensar la conservación de la biodiversidad, ya no desde una ecología conservacionista, que supone que, para ser preservada, la naturaleza tiene que ser protegida de toda presencia e influencia humanas, sino incluyendo al ser humano y a los grupos sociales organizados, en primer lugar como pieza central de la conservación de la biodiversidad y los elementos inorgánicos del ambiente.

Así las cosas, la teoría ecosocialista, se configura como uno de los corpus teóricos referentes para la teorética praxiológica ambiental desde el enfoque comunitario para la concienciación social sobre el uso de agroquímicos, pues, sus postulados se encuentran ligados a los propósitos esenciales requeridos para la elaboración teórica de fundamentos que contribuyan a considerar cuáles son los criterios con los cuales se puede discurrir la relevancia de determinadas modalidades de conocimiento para enfrentar las problemáticas ecoambientales y de salud humana que aquejan hoy en día a la humanidad.

Constructos Teóricos

Un constructo teórico, es una elaboración noética desarrollada con el propósito de hacer definiciones y conceptos sobre una realidad contextualizada en una investigación. Cuando se formula epistemológicamente uno o más constructos teóricos, se está frente a la elaboración mental de elementos conceptuales y/o ideales correspondientes a una categoría accionante de los procesos cerebrales que está va más allá de los procesos de idealización, físicos y sociales, ya que hacer constructos teóricos supone desdoblarse racionalmente a través de un proceso comunicativo. En el caso de la teorética praxiológica ambiental desde el enfoque comunitario para la concienciación social sobre el uso de agroquímicos, los constructos teóricos elaborados son a saber:

Praxiología ambiental

Intentar definir y conceptualizar la "praxiología ambiental" forma parte de un entramado epistémico, en el cual, el intercambio comunicativo entre quienes resultan nescientes y aquellos que son praxeólogos se reconoce solo por quienes están alineados a la postura de los segundos. Que algún congénere se presente como praxeólogo en un dialogo de saberes, para esgrimir un concepto definitivo y directo como respuesta a la pregunta ¿Qué es la praxiología ambiental?, en opinión de quien aquí escribe, no deberá considerarse un praxeólogo verdadero.

La afirmación anterior deviene de la proposición que sostiene: un praxeólogo ambiental que se digne serlo, está en claro conocimiento que una definición de este concepto, emitida en un escenario donde las personas no han hablado de ello (de la praxiología) no podrá ser comprendida ni mucho menos internalizada, por quienes están ignaros ante esta propuesta comunicativa (praxiología ambiental). De por sí, como bien lo señala Juliao (2013): "...haría falta el contexto práctico, operacional, que da cuerpo y sentido a las palabras y que no se transmite sino mediante la experiencia: "Ven, practícala y comprenderás" (p. 82).

La caracterización del quehacer praxiológico como forma de ver las cosas, sin el entrenamiento requerido, indudablemente conduce a que no sea posible captar su esencia. Desde luego, que los "praxeólogos ambientales" no son los únicos investigadores sociales que se encuentran en tal circunstancia. Realizada esta crestomatía, se intentará ahora hacer una aproximación al concepto de "praxiología ambiental", partiendo de la etimología de cada uno de los términos que componen la expresión. En este sentido se tiene:

Praxiología: palabra formada por las voces griegas "praxis" (*πρακτική*) que significa acción de buscar soluciones de manera práctica; "logos" (*λογότυπα*) cuyo significado es estudio, tratado y, el sufijo "ia" (π.χ.) que señala cualidad. Por tanto, podría traducirse como: "Estudio de las maneras de resolver problemas de una manera práctica". Luego se tendría el término Ambiente: de la voz latina "ambiens" "ambientis" cuyo significado es que va por uno y otro lado, que abarca el entorno, que rodea, participio de presente del verbo "ambire" que se traduce ir por un lado y por otro, rodear, andar alrededor. De tal manera que una primera aproximación se podría construir así:

Praxiología ambiental: "Estudio de las formas para resolver problemas socioambientales de una manera práctica en la realidad circundante" (Autor. 2020). Ello implica desde este punto de partida, entender la praxiología ambiental, como un discurso (*logos*), que construido "*a posteriori*" de una reflexión profunda, sobre una práctica significante (praxis),como un procedimiento de objetivación de la acción humana, como una teoría de la acción; por el tipo de análisis que realiza, se pretende hacer que dicha praxis sea más consciente de su lenguaje, de su funcionamiento y de lo que en ella está en juego, sobre todo del proceso socioambiental en el cual, el actor o practicante está implicado y del proyecto de intervención que se construye para cualificar dicho proceso; todo esto, con el fin de acrecentar su pertinencia y su eficacia liberada y liberadora del noema colectivo.

En ese orden y dirección, se puede afirmar que la praxiología ambiental, es el resultado, entonces, de un análisis empírico y de una expresión oral crítica, pues, designa, desde el principio, una reflexión práctica sobre los principios de la acción humana y de sus técnicas sobre el entorno (ecosistema), pero, tal y como lo señala Juliao (2013) "...busca, igualmente, los principios generales y la metodología adecuada para una acción eficaz y pertinente" (p. 82). En tal sentido, serían teoría y proceso investigativo sobre las formas para resolver problemas socioambientales, los dos sentidos más usados alrededor del concepto praxiología ambiental. En todo caso, supone un permanente y perenne proceso de profunda reflexión.

Ahora bien, independientemente del cómo se acuñe el término "praxiología ambiental" propiamente dicho, se tiene que, durante el devenir histórico, la preocupación de los praxeólogos ha estado centrada en las dimensiones organizacionales dela economía, la lógica y el ambiente que se ha querido poner de manifiesto, sobre todo en latitudes como Centroeuropa y Norteamérica. De allí, que la praxiología ambiental, pertenece al momento y se encuentra en la inmensa mayoría de las corrientes epistemológicas que han imperado desde el siglo XX, vale decir: el pragmatismo norteamericano, el marxismo, la epistemología de las ciencias humanas y sociales, tanto en J.L. Moreno como en K. Lewin, o incluso en A. Moles con su teoría de los actos, o en Talcott Parsons o P. Bourdieu, hasta llegar al "retorno del sujeto" bajo la forma de actor en las sociologías contemporáneas.

En efecto, todas esas corrientes han mostrado un interés significativo en lo eficaz del conocimiento y en la capacidad para mejorar las condiciones de vida de la humanidad. Ante tal escenario, resulta lógico, preguntarse: ¿Cuál es la utilidad de investigar? ¿Para qué sirven los procesos investigativos y a quién le sirven? Sobre este particular, resulta interesante señalar como de un modo insólito el emérito H. Garfinkel (1917-2011), fundador de la etnometodología; desconoció sus propias creaciones teóricas, cuando éstas fueron remitidas a él por sus seguidores y discípulos, preguntándose seriamente, si debía resignificar su enfoque (de inspiración decididamente fenomenológica), bajo el nombre de "neo-praxiología".

Bourdieu (1972) en su obra *Esquisse d'une théorie de la pratique* (Esquema de una teoría de la práctica) clasifica a la praxiología dentro de los modos de conocimiento teórico, junto al conocimiento fenomenológico y al conocimiento objetivista, sugiriendo que:

> El conocimiento que se puede llamar praxiológico tiene como objeto no sólo el sistema de las relaciones objetivas, sino también las relaciones dialécticas entre estas estructuras objetivas y las disposiciones estructuradas en las cuales ellas se actualizan y que tienden a reproducirlas, es decir, el proceso doble de interiorización de la exterioridad y de exteriorización de la interioridad: este conocimiento supone una ruptura con el modo de conocimiento objetivista, es decir, un cuestionamiento sobre las condiciones de posibilidad, y desde ahí, sobre los límites del punto de vista objetivo y objetivarte de quién utiliza las prácticas desde fuera, como hechos consumados, en lugar de construir su principio generador, situándose en el mismo movimiento de su realización. (p. 132. Traducción personal del autor)

Emilie Kant (1966), pensador de la razón práctica (praxiológica) también proponía que la educación difícilmente puede ir separada del "*desiderátum*" y aspiración social de progreso, como elemento de construcción de una perfectibilidad mayor. De allí que, cuando un ser humano, trata de resolver y comprender una determinada situación problemática, se esmera en evaluar cuáles son las consecuencias y efectos de sus propias acciones y prácticas, para realizarlas con mayor perfección en el momento de hacerlas nuevamente. Dicho proceso noético, lleva a la persona a convertirse en lo que Donald Schön (1998) llama un ser reflexivo.

Pero, ¿En qué consiste la reflexión sobre la acción que realiza el ser reflexivo? En la lógica del pensamiento de schöniano, la reflexión debe entenderse como el proceso psicológico que le permite al ser humano la adaptación resiliente adecuada a cada circunstancia de orden situacional que se le presente en el ejercicio de su cotidianidad; una especie de dialogo profundo y reiterado entre la persona y los eventos de vida en los cuales se pone de manifiesto su práctica socioambiental. Al hacer uso sistemático de la reflexión sobre la acción que realiza el ser reflexivo, éste puede aumentar la eficacia de sus intervenciones, desarrollando progresivamente una especie de modelo de intervención a la medida.

Para Schön (1998) la reflexión representa también, meditar, hacer consideraciones y hacer tanteos sobre la acción misma. Así, ante una situación que se muestre difícil de controlar, el autor en reseña sugiere que el ser reflexivo "...reestructure el problema y, en esta nueva tentativa [que Schön llamará una experiencia de estructuración], él tratará de imponer su voluntad" (p. 91). En ese sentido, el conocimiento que caracteriza a una persona reflexiva muestra la forma de "conocimiento reconstruido durante su uso". Es decir, no se trata de reflexionar después de la práctica, sino de una meditación realizada durante la misma.

En el contexto hasta aquí descrito, se asume entonces que por reflexión se entiende a una parte integral de la práctica, y ello hace que el individuo tenga que ser y comportarse siempre crítico. La resignificación de la teoría de Schön, consiguió en los investigadores canadienses Yves St-Arnaud y Alexandre L'hotellier, simientes teóricas bajo la denominación "praxeologie", en tanto que pretende transformar la investigación haciendo una imbricación del saber (*logos*) y la acción (praxis). St-Arnaud y L'hotellier (1992), definen la praxiología como: "...un proceso investigativo construido, de autonomización y de concientización del actuar (en todos los niveles de interacción social) en su historia, en sus prácticas cotidianas, en sus procesos de cambio y en sus consecuencias" (p. 95).

Tal definición, conlleva a la proposición de una lógica uniforme y constante de la acción y de la construcción, deconstrucción y reconstrucción del conocimiento. En consecuencia, se puede afirmar que la praxiología ambiental proporciona herramientas prácticas y competencias noéticas para determinar la eficacia de la acción que se realiza y cuáles serían las otras acciones a emprender para mejorar la práctica. Tanto, St-Arnaud como L'hotellier sostienen que la acción, más que ser simplemente la aplicación de un conocimiento, es la fuente misma para la construcción, consolidación y aplicación de ese conocimiento.

Las reflexiones hechas, permiten fijar postura en cuanto a: desde el procedimiento praxiológico ambiental, se intente reducir las fronteras (dualistas o de otro tipo), para que este se pueda aplicar en cualquiera de los escenarios socioambientales donde se desee. Esto es, porque el intercambio imperativamente dialogizante entre saber y acción puede prácticamente ser llevado a todas las situaciones de vida planetaria, donde las dimensiones bio-psico-social-ambiental-ergológica-espiritual se ponen de manifiesto.

Con base en todo el argumento precedente, se puede decir que la praxiología ambiental (quehacer praxiológico del ser humano en, con, para y sobre el ambiente), cumple una función de conservación cardinalizada por tres elementos, a saber (a) de enriquecimiento; (b) de gestión y, (c) de construcción y consolidación del conocimiento producido durante la práctica. Esta función de conservación, resulta similar a la de los trabajadores que tienen en la organización la tarea de evaluar, estructurar y redistribuir el saber-hacer y el capital intelectual de las mismas y que deben poseer competencias como: capacidad de escuchar, facilidad de relación, diplomacia, carisma, facilidad de comunicación, espíritu de síntesis, aptitud para compartir información (knowledge managers).

No obstante, a diferencia del knowledge manager, el ser reflexivo, (el praxeólogo ambiental), se interesa más por las prácticas eficaces, por el saber-hacer-convivir que implican, que por los resultados de las mismas (los hechos, objetos, artefactos, otros). A diferencia del knowledge manager comprometido con la complejidad de lo real, el praxeólogo ambiental tiene que realizar un ejercicio de abstracción, reflexionar sobre cada uno de los elementos del todo; se trata entonces de hacer una deconstrucción de la práctica bio-psico-social-ambiental-ergológica-espiritual (de sus elementos y procedimientos) en tantas fases como sea necesario para comprenderla y, proceder a su conducción y/o reconducción con conocimiento pleno, para hacer posible su modelización. Al respecto, Juliao (2002), expone:

> La movilidad epistémica de lo vivido o percibido en concreto por el individuo (la práctica o la observación de la práctica) a lo pensado concretamente, como forma de regresión a lo construido de manera concreta, para de allí, ir a lo aprehendido en concreto, es el quehacer fundamental de la praxiología (p. 77).

Haciendo ver el quehacer praxiológico del ser humano en, con, para y sobre el ambiente, constituye una revalorización de la práctica cotidiana del ser humano ya que, como lo expresara Bourdieu (2003) "siempre está subvalorada y poco analizada, cuando en realidad, para comprenderla, es preciso poner mucha más competencia técnica, mucha más, paradójicamente, que para comprender una teoría" (p. 75).

Para sustentar el argumento que permita aproximarse adecuadamente a la praxiología ambiental, se debe considerar que dicho concepto (praxiología ambiental), no es con exactitud el mero análisis de las prácticas, sino el análisis de la praxis (acción que Implica emprender una filosofía que difiera de la pura especulación, o de la contemplación). En tanto, la razón práctica no busca los mismos propósitos que la razón praxiológica, ya que: la primera se enfoca en la eficacia de las acciones, el logro de lo planificado, la producción de objetos o de artefactos; mientras que la segunda, aborda la indagación y construcción de los conocimientos y saberes que, imbricados a la práctica, se adaptan mejor para la gestión de la acción y, en última instancia, construcción de una teoría general de la praxis.

Así las cosas, se acepta que la lógica de la acción concebida como "*praxis*" se entrama armónicamente con la lógica del conocimiento (*logos*) y con la clásica dicotomía teoría-práctica, transformándose en una dialéctica complementaria entre los saberes noéticos y los saberes de la acción. Con ello, se favorecen los movimientos espirales entre lo vivido, la práctica y el pensamiento, para terminar, haciendo de esa práctica cotidiana una praxis (con carácter creador y espontaneo, visto en su dimensión colectiva).

La praxiología ambiental parte, entonces, de la representación noética que indica, desde la praxis y la práctica (la distinción entre los dos conceptos se explica más adelante), se puede construir, deconstruir y reconstruir conocimiento y saberes; también es posible extraer los elementos estructurales de una o diversas experiencias consideradas en determinado espacio y tiempo interesantes y pertinentes, en función del número de objetivos que se dieron a partir del evento específico, o de un cierto número de resultados que se han esperado de esas experiencias. En tal sentido, se puede extraer de estas experiencias "lo esencial", para ser transmitido mediante un proceso educativo formal o informal. Eso esencial devenido de las experiencias, es la racionalidad que entraña a la praxis, más allá de que sea bien controlada por los individuos o que sea empírica y espontánea.

En los contextos socioeducativos, es precisamente este entramado de lo antropológico-cultural-ambiental-histórico, el que denota las implicaciones ontoepistémicas de las cosmovisiones y valores. Vale decir, lo que constituye la génesis y la potencialidad de una praxis que no depende totalmente de una "*poïesis*" autónoma que representa la intencionalidad más estratégica, que corresponde al hacer de la técnica con relación a las actividades humanas de producción, en las que la instrumentalización ocupa un papel intrínseco; aquella, que podría denominarse "política" y cuyo interés se centra más específicamente en la capacidad de procurarse fines por medio del establecimiento de las propias identidades individuales y colectivas

En ese orden y dirección, resulta entonces conveniente, hacer un reconocimiento y reivindicación a la implantación de las formas precedentes, en lugar de tratar de hacer sustituciones con modelos técnico-racionales-abstractos. Es por ello, que el saber-hacer, poïético, económico, esencialmente exclusivo de la producción instrumental y técnica, que operacionaliza la fuerza de trabajo, cede el espacio en la praxiología ambiental al saber-ser que consiste en "realizar más que producir", a la noción de un trabajo sobre sí mismo, al "*ego" (*yo o nosotros).

Con relación a la reflexión previa, Sartre (1960) en su obra "*la Critique de la raison dialectique*", sostenía que el ser humano se construye permanentemente a través de lo que hace; es decir, que el individuo se trabaja; trabajando y trabajándose. Aseverando con ello, que el sujeto pasa de esa manera a convertirse en autor de su praxis. Siendo que tal capacidad de autoría propia, por tratarse de creación continua de sí mismo en lo social y personal, dovela las intencionalidades conscientes y las elaboraciones inconscientes, lo que parece lo más representativo de una praxis socio-educativa-ambiental, en tanto, que dicha praxis, para ser creativa, se contrapone al conformismo ya las tendencias reproductivas, características de las prácticas sociales artificiales sustentadas en profesionalismos, estrategismos y tecnicismos aisladores del pensamiento crítico.

Lo planteado anteriormente permite asumir que el "ser reflexivo" (en este caso sujeto/objeto de investigación) es equivalente a "ser proceso", por tanto, es síntesis de lo que Deleuze (2002) identificó como principios constitutivos propios de cada ser humano: la creencia y la creación. Dicho de otra forma, "ser reflexivo", implica moverse entre lo dado (lo instituido) y lo creado (lo instituyente), haciéndose sujeto en la medida en que se supera (trascendencia), reflexiona y se reflexiona autoevaluando las prácticas propias.

De lo expresado se desprende, que el ser humano sea, creencia porque puede inferir lo que la naturaleza y la cultura le proporcionan, pero, también es creación ya que puede inventar y construir, deconstruir y reconstruir. Todo ello es posible, solamente desde la subjetividad. En tal sentido, ser sujeto, entraña estar en permanente tensión entre lo dado y lo creado, y en la implicación subjetiva de lo que se desea manifestar o entender. Para la investigación, esto determina que sólo involucrándose en lo indagado el sujeto puede ir perdiendo el estado de individuo-observador-pasivo para ser sujeto-constructor-activo. Vale decir, autor.

Lógicamente, que ser sujeto, al menos en la investigación praxiológica ambiental, lleva a la persona a percibir de manera disímil lo epistemológico, ya que se vislumbran dos posiciones; la primera como investigadorpraxeólogos y la segunda como actor social. Ante este escenario, el individuo se halla en constante relación con lo indagado (su propia práctica); como consecuencia de ello, desconfía de todo espacio en el que no se encuentre inmerso o involucrado. Es así como pasa de una epistemología como teoría del conocimiento científico a una praxis epistemológica crítico-comprensiva de mi ser y mi hacer (mi práctica) en la construcción del conocimiento.

Lo anterior, tal y como lo dice Jaramillo (2003) significa que, "...el individuo tendrá la capacidad de tener conciencia histórica y reflexiva" (p.3), de una realidad que observa y lo observa, rodea y lo rodea, absorbe y lo absorbe; que usará una epistemología dinámica e impalpable; para llegar a ser un investigador reflexivo, curioso y crítico pertinaz, que se siente con el derecho de expresar su interioridad. Antes de seguir avanzando en esta línea argumentativa, resulta conveniente concretar la distinción entre los términos práctica y praxis. Para ello, el autor, usará un ejemplo por su simplicidad pedagógica.

Cada mañana, cuando el campesino habitante del sector El Guayabo, en el municipio Achaguas, despierta, prepara un café sin que ello le exija una real actividad intelectual; él tiene la necesidad de tomar café para despertar plenamente y sí hacerlo supondría un trabajo intelectual y práctico con cierto nivel de complejidad, jamás lograría preparar su café y, por tanto, no despertaría realmente. Así pues, que preparar el café es de esos actos automáticos y programados, lo que le permite al campesino poner a volar su imaginación y centrar su atención en otros elementos de la cotidianidad: cómo amaneció el clima, el trabajo que tiene o deberá realizar, lo que soñó la noche anterior, otros.

En efecto, para el campesino, preparar el café, resulta una práctica verdaderamente espontánea y de algún modo, incorporada en su cotidianidad, pero ello, no significa necesariamente que, en ocasiones, pueda presentar limitaciones y hasta fracasos para llevarla a cabo (por ejemplo, puede estar atrasado para el inicio de la jornada laboral y por tanto, no le alcanza el tiempo para preparar el café o podría no encontrar azúcar o aún el café molido para preparar el elixir).Esto es, lo que Bourdieu (1972) denomina "*habitus*" para referirse al conjunto de disposiciones adquiridas, permanentes y transferibles que permiten actuar, percibir, sentir y pensar de un cierto modo y que son disposiciones incorporadas o interiorizadas a partir del trabajo formativo prolongado (construcción, socialización, consolidación y aplicación del conocimiento) ampliamente expuestas por la educación y la cultura.

Ahora bien, la mayor parte de las actividades cotidianas del ser humano se corresponden con este tipo de prácticas espontáneas, adquiridas, interiorizadas, de baja intensidad de la actividad intelectual. Imagínese ahora a un knowledge manager(gerente) del Hotel Reina Sweet, en el municipio Camaguan del estado Guárico, preocupado por el bienestar de los clientes y por su fidelidad al negocio en el cual trabaja. Él va, entonces, a preocuparse de modo especial por la preparación del café y de las otras bebidas apetecidas por los clientes.

En ese contexto, tendrá entonces que utilizar su inteligencia práctica, adaptar pertinentemente los medios a los fines propuestos por la organización, realizar acciones para mejorar cada día y hacer rectificaciones, cada vez que sea necesario. Por tanto, tendrá que desconfiar de los automatismos y, por consiguiente, tendrá probablemente que buscar formas de construir nuevos conocimientos, lo que hace imperativo que investigue al respecto. Este otro modo de preparar el café es diferente al del campesino, pues, se trata de una praxis diferenciada de la práctica espontánea. En este caso, el knowledge manager, requiere de otra postura, que entraña imperativamente una reflexión intelectual y que pone en juego métodos, procedimientos y tácticas regularmente repensados, en el contexto de una actividad productiva concreta.

El ejemplo anterior, ilustra como praxis es, entonces una práctica prudente y circunspecta, para nada espontánea sino más bien pensada y repensada que supone llevar adelante procedimientos intelectuales con una complejidad que va más allá de la simple repetición mecánica habitual. Obviamente, que no todas las prácticas cotidianas deberán ser convertidas en praxis; ya que, de ser así, la vida sería imposible. Pero aquellas que impliquen la mejora de las condiciones de la vida, si deberían ser de construidas y reconstruidas en aras de alcanzar escenarios de desarrollo humano pertinentes.

Hecha la distinción entre práctica y praxis, es oportuno señalar que praxiología ambiental y praxis están íntimamente relacionas, aun y cuando, obedecen a lógicas diferentes. La praxis consiste en la ejecución de acciones, actividades y/o tareas sobre una base técnica coherente con unos fines sostenida por la lógica tecnológica; la praxiología ambiental por su parte, es una construcción de conocimiento y saberes de la acción que obedece a la lógica científica.

El principal centro de atención de la praxiología ambiental, lo constituyen, la elaboración, experimentación y validación de modelos de acción dentro de los cuales, existen conocimientos y saberes transferibles y utilizables por otros congéneres que permiten a quienes realizan la práctica clarificar la forma como definen, gestionan, controlan y evalúan la acción. Estos modelos, son útiles para la gestión de la praxis, ya que permiten formalizar, validar y programar lo que generalmente se hace de modo espontáneo, intuitivo y empírico. Para lograr esto, el enfoque praxiológico ambiental se sitúa en el cruce de las investigaciones: teórica-acción participante-aplicada-implicada, cumpliendo los roles de método multireferencial y transdisciplinario, mediante cuatro fases o momentos, a saber:

1. *Fase de exploración y de análisis-síntesis o fase del ver:* que responde a la incertidumbre: ¿Qué sucede?; es una etapa eminentemente cognitiva donde el ser reflexivo (praxeólogos) recoge, analiza y sintetiza la información sobre sus prácticas, para comprender la realidad que le circunda

y de sensibilizarse frente a ella. En esta primera etapa la observación es condicionante del proceso, ya que, al retomarse datos e información, se busca establecer una problemática que, primero, supone que la práctica, tal como es ejercida, es susceptible de tener mejoras, y, en segundo lugar, se exige una comprehensión (una segunda mirada) que no deviene espontáneamente y que implica un segundo momento. Las interrogantes bajo las cuales el observador actuará serán: ¿Quién hace qué? ¿Por quién lo hace? ¿Con quién? ¿Dónde? ¿Cuándo? ¿Cómo? ¿Por qué lo hace?

La fase de exploración y de análisis-síntesis, es pues, la fase empírica o experimental, según sea que el praxeólogos ambiental se encuentre en una práctica espontánea e intuitiva, o, contrariamente, en una praxis claramente pensada y controlada en su ejecución. En los dos casos, el praxeólogos ambiental está enfrentado a una acción, independientemente de que sea práctica espontánea o praxis, deberá comprender sus elementos, su racionalidad, su desarrollo en el tiempo y su eficacia en función de los propósitos u objetivos, los cuales, en ocasiones resultan mal o incluso no formulados o, al contrario, claramente definidos.

Si ciertamente, el propósito praxiológico ambiental es el mismo en los dos casos reseñados arriba, a saber: construir saberes y modelos de acción transferibles, las limitaciones e inconvenientes que tiene que enfrentar el praxeólogo ambiental y los métodos de comprensión que deberá adoptar, no van a ser los mismos siempre. Específicamente, en las prácticas espontáneas e intuitivas más frecuentes, el praxeólogo ambiental tendrá que interactuar con participantes a los cuales, se les dificulte la elaboración de la racionalidad de una acción que previamente no han construido de manera formal. Aquí el trabajo ha de ser a la vez, descriptivo, intuitivo, interpretativo, así como el del etnógrafo, que investiga detrás de las prácticas, el sentido oculto que los actores mismos no alcanzan a producir.

Muy probablemente el praxeólogo ambiental encontrará en estas circunstancias, pocas fuentes de información que definan objetivos o propósitos, metodologías y medios, que describan las fases del trabajo o que prevean las formas de control y evaluación. Obviamente, ello no quiere decir que las acciones que se estén llevando adelante no sean pertinentes o no merezcan ser modelizadas. Contrariamente, en una acción que se caracterice como praxis, el praxeólogo ambiental tendrá a la mano datos e información, para apoyar el proceso de análisis-síntesis. Vale decir, documentos, discursos elaborados por los participantes, resultados de evaluaciones y, en algunos casos, individuos asociados a la acción que pueden a la vez, identificarse como sujetos y objetos de tal acción.

Ante la caracterización manifiesta de un saber-hacer demostrado, la actividad praxiológica ambiental deberá ejercerse desde una postura crítica sobre los discursos, métodos y resultados. Es decir, bajo una mirada exhaustiva, para buscar las debilidades de la acción más allá del discurso de los participantes de la misma, ello permitirá hacer juicios con pertinencia para una nueva experimentación, en otro contexto diferenciado. En todo caso, en esta fase de análisis-síntesis, se busca establecer (construir) la problematización partiendo de diversas técnicas de observación. Aun y cuando, no lo parezca, ni normalmente se haga así, esta resulta ser la fase que hay que dedicarle más tiempo y esfuerzos reflexivos.

2. Fase del juzgar: Esta fase es la de reacción (el praxeólogo ambiental juzga) para responder a la interrogante ¿qué puede hacerse?; fundamentalmente la etapa implica un ejercicio hermenéutico, mediante el cual, el praxeólogo ambiental, hace un examen pormenorizado, usando otras formas de enfocar la problemática de la práctica; visualizando y juzgando diversas teorías, de tal manera que pueda llegar a comprender la práctica y así, conformar un punto de vista propio, a la vez que desarrolla la empatía con los participantes para participar y comprometerse con la práctica.

La fase juzgar, es paradigmática pues le corresponde formalizar, después de la observación, la experimentación y la evaluación (fase empírica o experimental), paradigmátizar bajo que preceptos, se acepta la praxis, esto es, los modelos de acción transferibles que permitan que otros participantes puedan realizar la praxis. Por ejemplo, es posible señalar ciertos modelos de acción formativa socioambiental popularizados y transferidos en distintos escenarios sociales, entre otros: (1) repetición/memorización como medio de aprendizaje; (2) las pedagogías activas de Freinet; (3) las ciudadelas de los niños como experiencia de base de la ciudadanía y de la responsabilidad democrática (4) el análisis y el debate sobre las películas en los cine-foros; (5) la expresión libre y la creación colectiva en los talleres de teatro, otros.

Sin embargo, ningún modelo de acción, puede considerarse universal, ya que ninguno, permite totalmente responder ni a la complejidad de las situaciones educativas ni a la multiplicidad de factores emergentes, ni a la diversidad etnográfica; es por ello, que siempre está latente la necesidad de ir en la búsqueda de experiencias que enriquezcan el potencial epistémico del saber-hacer. En consecuencia, necesario es buscar respuestas a las preguntas ¿Cómo se articula esta interpretación de la práctica? Al respecto se tiene que son cuatro los momentos que dimensionan este entramado hermenéutico-paradigmático. Estos son a saber

- Problematizar la propia observación es el primer momento, aquí cada uno de los participantes tiene sus "lentes de sentido" o "visión de la realidad" que, conscientemente o no, condicionan su manera de ver, de comprender y de actuar. Problematizar consiste en la identificación por la propia percepción (por los propios lentes), dado que los problemas que el individuo ha detectado tienen relación con su visión del universo, de la humanidad, de la sociedad, de la educación, de la naturaleza.

- Formulación de una hipótesis o supuesto de sentido, es el segundo momento de la paradigmatización. Este momento conduce a lo que se supone genera la duda de la realidad, tal y como fue formulada y contextualizada como problema en el primer momento (observación), en tanto, el ser reflexivo sospecha que otra cosa es posible dentro de la realidad que se ha aprehendido hasta ese instante.

-La formulación del discurso, constituye el tercer momento. Aquí, el praxeólogo ambiental busca formular la peroración, la cual, puede ser de orden pedagógico, filosófico, sociológico, entre otros, y con la cual, se confirmará la situación circunstancial, coyuntural o estructural tal como fue descrita luego de la problematización. La formulación del discurso corresponde a lo que en otros esquemas de investigación se denomina marco teórico.

-El retorno a las fuentes, retorno crítico, distante y riguroso, constituye el cuarto momento paradigmático. No se trata de recurrir a la tradición para justificar el actuar deseado; sino que contrariamente, la mayor parte de las veces, la elección de las fuentes y su análisis exhaustivo y riguroso hacen imperativo la reformulación de la propia problematización. El momento del retorno a las fuentes, se caracteriza porque el conjunto de elementos de este proceso conducirá a un intento de interpretación (hermeneusis) que llevará a percibir intuitivamente las acciones que han de promoverse para reorientar o mejorar el quehacer praxiológico ambiental.

3. Fase del actuar: Es la tercera fase del proceso praxiológico ambiental, en ella, se responde a la pregunta ¿Qué hacer en concreto?, la fase actuar es fundamentalmente programática y en ella el praxeólogo ambiental construye, en el tiempo y en el espacio la práctica y la gestión finalizada, dirigida por procedimientos y tácticas validados "*a priori*" por la experiencia, y planteados "a *posteriori*" como paradigmas operativos de la acción. En esta etapa la praxiología ambiental instruye y guía la praxis, el praxeólogo se convierte en quien ilumina al participante, sobre todo cuando él mismo es un participante-ser reflexivo, haciéndose entonces una transferencia de la investigación experimental a la aplicación práctica.

Cuando se llega a la fase actuar, se comprende que la praxis no es meramente la aplicación de políticas exógenas a la realidad, sino que implica, un mejor conocimiento de sí mismo, del ambiente, de los congéneres actores que conduce rigurosamente la formulación, la planificación y la elaboración de estrategias para la acción, que se desea realizar, al mismo tiempo que se persigue la eficiencia y eficacia como elementos integrales de la praxis. Es así que el praxeólogo ambiental buscará precisar bien los propósitos que le permitan discernir mejor los elementos dovelares de la acción, los medios y las estrategias. Además, el praxeólogo ambiental se verá en la obligación de equiparse con una serie de instrumentos y herramientas que optimizaran su trabajo.

Descubrir paradigmas del quehacer praxiológico ambiental, es función central del praxeólogo, en tanto, experiencia y experimentación; análisis e interpretación, son requisitos *"sine qua non"* para ello, pero la aplicación pertinente es el propósito. Aquí se formula la hipótesis o supuesto de un paradigma general del quehacer praxiológico ambiental cuyos elementos han de ser: (a) comprensión de los procesos (b) identificación de los problemas socioambientales; (c) determinación de las finalidades; (d) campos de práctica y modos de acción y, (e) construcción de proyectos, gestión de acciones y evaluación.

Dicho de otra manera, la pretensión es operacionalizar un proyecto de acción, donde los propósitos principales son la eficiencia medida en el rendimiento y la eficacia señalada por los resultados, al servicio de la transformación real de la práctica. La propuesta de una nueva intervención como ajuste y relanzamiento teniendo en cuenta el procedimiento que se ha seguido hasta ahora, implica que después de observarse la realidad de la práctica referenciada por la experiencia y hacer un diagnóstico comprensivo, desde el señalamiento transdisciplinar y de una hermenéutica que permiten aprehender la función de las prácticas (en la intención de cambio), supone una nueva práctica de gestión participativa, desde la cual, se busca desencadenar un proceso de transformación para responder concretamente a las esperanzas, iniciar los desplazamientos y vivir lo novedoso.

4. *Fase de la devolución creativa:* Esta etapa es fundamentalmente prospectiva, ya que responde a la pregunta: ¿Qué se aprende de lo que se

hace? Con la prospectiva se pretende orientar el proyecto y la práctica del praxeólogo ambiental. En ese orden y dirección, se asume como una representación para el tiempo futuro, que es planteado "*a priori*" más como un ideal que como un "*desiderátum*". La fase de la devolución creativa, tiene una función de sueño, de deseo, de anticipación. Con esta fase se pretende un actuar y nuevas vías de acción, un cambio y no una simple descripción de lo que va a pasar; en otras palabras, ella comprende una dimensión evaluativa desde otro futuro.

Con la prospectiva también se pretende, el despliegue de las posibilidades de intervención que son previsibles en el corto, mediano y largo alcance. Por tanto, implica retornar la esencia de la práctica, a su memoria y su prometedora acción, a la visión del sentido y a la presencia de la notoriedad como parte de la realidad. En este sentido, a los actores-sujetos (seres reflexivos) se les otorga el imperativo de recentrarse sobre aquello que los hace vivir, convivir y pervivir, además de impulsarlos a comprometerse en una praxis responsable.

Por otro lado, la prospectiva tiene una orientación utópica respecto al tipo de sociedad, de congéneres y de comunidad que la nueva intervención tiene pretensión de realizar, pues, desde el mismo momento de su planteamiento se convierte en apertura al futuro. La utopía está anclada a lo real, por tanto, se presenta solicitando evaluación permanente de todas las actividades, tareas y acciones a realizar en el tiempo y el espacio. Así, fase de la devolución creativa, se erige como la etapa en la que el praxeólogo ambiental recoge y reflexiona sobre los conocimientos construidos durante de todo el proceso, para conducirlo más allá de la experiencia al formar conciencia compleja del actuar y de su proyección futura.

Cabe resaltar que, si la prospectiva se presenta metodológicamente al final del proceso, es porque ya ha atravesado todo el proceso praxiológico ambiental. De allí, que se trate de un acto existencial que autogenera teoría a partir de las experiencias, requiriendo ser expuesto a la luz de la sociedad, a través de un proceso mayéutico que permita hacer objetiva tal experiencia, para formalizarla y entrar de esa manera en el orden del discurso, aun y cuando se corra el riesgo de deformar la experiencia. Es por ello, que se debe mirar como una recuperación de la praxis por el logos, (inter y autoestructurante), pues, se trata del dialogo establecido entre practicantes y prácticas, para consolidar los conocimientos de estos. La fase de devolución creativa busca que el praxeólogo ambiental exprese los significados más importantes de su proceso de manera creativa.

Enfoque Comunitario

La necesidad de abordar la situación de sobre la concienciación en el uso de agroquímicos en las unidades de producción agrícola familiar, desde un enfoque comunitario que privilegie la participación protagónica de las familias rurales en sus contextos, al mismo tiempo que priorice la prevención y promoción como pilares fundamentales para un desarrollo integral, endógeno, sustentable, y la conservación del ambiente, obliga a problematizar las concepciones culturales imperantes, que modifiquen las vivencias en cuanto a los riesgos para la salud en que viven las personas del sector rural.

En este sentido, resulta de interés iniciar la aproximación al concepto de enfoque comunitario, tomando como punto de partida, a la postura de Martínez-Ravanal (2006), quien lo define como "...un modelo metodológico – en el cual subyace una cosmovisión o paradigma particular de lo psicosocial- para orientar el trabajo de las instituciones con las comunidades humanas con las que se relaciona" (p. 9). Esta definición, permite hacer un ejercicio nocional del cual se puede desprender que el enfoque comunitario es una herramienta de orden societaria, destinada al diseño, implementación, seguimiento y evaluación de políticas, programas y proyectos de intervención social.

Empero, también podría definirse como un modelo teórico orientado a la acción (a la práctica y a la praxis), del cual, su propósito esencial es otorgar a los actores sociales criterios para el desarrollo del trabajo familiar y comunitario organizado desde escenarios institucionales. El enfoque comunitario por su orientación transdisciplinaria es aplicable en el ámbito interventivo de las diversas disciplinas como: medicina, psiquiatría, arquitectura, ingeniería, terapia ocupacional, salud, educación, vivienda, desarrollo urbano, pobreza, nuevas tecnologías, así como también en la praxiología ambiental, en tanto, estudio de las maneras de resolver problemas de una manera práctica. Este enfoque descrito por Fontova (2013) como

> aquel que apuesta por visibilizar y potenciar los efectos sinérgicos que la intervención formalizada de las organizaciones de bienestar pueden tener en (o con) las relaciones, vínculos y redes de carácter familiar, vecinal, amistoso...[que]...asume la existencia de un universal antropológico en virtud del cual, la vulnerabilidad humana llama, en primera instancia, a un cuidado o apoyo por parte de otras personas (que no es, en principio, del tipo del que se produce en el seno de un intercambio mercantil o de la prestación de un servicio del Estado protector). (p. 1)

Es un modelo metodológico, en el cual, subyace una visión o paradigma particular de las dimensiones bio-psico-social-ambiental-espiritual dela vida del ser humano para orientar el trabajo de los colectivos comunitarios y movimientos sociales. Más específicamente, el enfoque comunitario constituye una herramienta para el diseño, implementación, seguimiento y evaluación de políticas, programas y proyectos de intervención social destinados a mejorar las condiciones de vida de las personas a través de prácticas de orden ético que conlleven a los colectivos comunitarios a comprender cada vez mejor la manera de alcanzar la salud en coordinación con la institucionalidad y otros agentes, así como, la manera en que la salud es una parte de una meta común y compartida con otros sectores.

La relación del enfoque comunitario con el concepto de "participación" definido como el proceso a través del cual las partes interesadas de un colectivo social ejercen influencia y comparten el control sobre el establecimiento de prioridades y políticas, la asignación de recursos y el acceso a bienes y servicios públicos, lleva implícito la aceptación que no se trata de un concepto simple y acabado, sino que por el contrario, su concepción ha de construirse, sobre el análisis de diferentes elementos de orden ontológico, epistemológico y axiológico.

El concepto de "enfoque comunitario" ha sido, abordado desde diferentes posturas, sin embargo, hasta ahora, no se ha propugnado un enfoque comunitario para aprovecharse de las fortalezas de las redes y los apoyos familiares y comunitarios, sino más bien por la conciencia de los efectos depredadores y destructivos que las dinámicas económicas, políticas, jurídicas, tecnológicas y ambientales imperantes del sistema capitalista, vienen desencadenando en el patrimonio relacional de las comunidades, afectando la calidad de vida actual y futura de los miembros de dichas comunidades.

Las situaciones de crisis que se han vivido durante el último siglo, con mayores efectos negativos en las últimas décadas ponen de manifiesto tanto la necesidad como las limitaciones del aparato Estatal, a la hora de hacer valer suficientemente los derechos humanos y ambientales, bajo la mordaza del bienestar del dominio capitalista. Una de las crisis que se está viviendo es la crisis de los cuidados, que tiene que ver con el aumento del número de personas (sobre todo en los sectores más deleznables) que necesitan apoyos importantes para su vida cotidiana y la disminución de la capacidad tradicional de apoyo de las redes familiares (por disminución del tamaño, reestructuración y diversificación de las familias; por procesos de individualización y movilidad). Con relación a esto, Fontova (2013) señala:

> El enfoque comunitario afecta a los tres planos presentes en las organizaciones de bienestar: el nivel de la intervención, el nivel de

> la gestión y el nivel del gobierno de la organización. Supone ver la organización como un entrecruzamiento de relaciones entre agentes que tiene sentido cuando añade valor a ese sistema más amplio del que forma parte. Las organizaciones de bienestar que incorporan la mirada y aplican el enfoque de tipo comunitario acentúan su orientación a las personas destinatarias (orientación al cliente, se llama a veces). (p. 1)

Para indicar que el enfoque comunitario, produce información relevante para el diseño de servicios y de las redes de servicios mediante elementos clave de proximidad, accesibilidad y territorialización, con los cuales, se orienta a la gestión en términos de la diversidad: sexual, funcional, generacional, cultural, otras, dado que las comunidades siempre serán constitutivamente diversas. Si se toma en cuenta que los problemas socioambientales (como el uso irracional de agroquímicos), deben ser atendidos en contextos eminentemente colectivos, por ser problemas que afectan bienes y patrimonio correlacionales, entonces, como lo señala Fontova (2013):

> El enfoque comunitario nos lleva a un trabajo en red, a una coordinación y a una integración intersectorial entre las diferentes políticas y servicios de bienestar (sanitario, social, de vivienda, educativo, de empleo) en torno a la persona en su entorno, apoyándose en ocasiones en métodos y sistemas de gestión de casos. La apuesta por una atención integral centrada en la persona y por el trabajo en red (p. 1)

De esta manera, apostar por una praxis socioambiental que centre la atención en el desarrollo integral de las personas, la educación y el trabajo en red, supone asumir la racionalidad y los beneficios de la existencia de diversos sectores de actividad y sistemas de servicios en la comunidad. Esto es, centrar la atención en la educación, la salud, el trabajo, la seguridad, el ambiente, para ser abordados de manera universal y territorializados, de acuerdo con las necesidades e intereses de quienes son parte del territorio y/o interactúan en él, favoreciendo una relación intensa y autónoma como sea posible entre las personas con los sectores de actividad y sistemas de servicios y contribuyendo a que estos sean cada vez más capaces de atender a la diversidad. Uno de los grandes problemas que ha afrontado, el enfoque comunitario, lo señala Fontova (2013), al exponer:

> Nos sentimos muy lejos de la institución total y de los circuitos paralelos para segmentos o colectivos preestablecidos de personas. Si tiene sentido hablar de un sector voluntario como entramado de organizaciones socialmente relevante y diferenciado del sector público y el sector privado convencional o mercantil es porque aceptamos que dichas organizaciones de iniciativa social se distinguen por el tipo de bienes de cuya gestión se hacen cargo (p. 1)

Sin embargo, ciertamente, en los contextos comunitarios de hoy día, se están produciendo procesos emergentes, que apuntan con fuerza al desarrollo de "...un sentimiento y pensamiento compartido por muchas personas acerca de la necesidad de los bienes comunes como fundamentales para la sostenibilidad de la vida" (Fontova. 2013. p. 1), hecho éste que pone de manifiesto la existencia de activos tangibles o intangibles (como el aire, el agua, la biodiversidad) que pertenecerían a toda colectividad y que se verían afectados por la práctica irracional de uno y/o algunos de los habitantes de la comunidad y cuya gestión, en alguna medida, no se querrá o no se podrá encomendar al Estado.

Con relación a lo anterior, cabe señalar que es justo en ese momento, que "...las organizaciones voluntarias, las mutualidades participativas, los movimientos asociativos, las fundaciones altruistas, las cooperativas solidarias aparecen como el instrumento que nos permite hacernos cargo de la gestión de esos bienes" (Fontova. 2014. p. 1.). Es decir, aparece en escena el sector voluntario (voluntariado comunitario), para hacerse cargo de la gestión de los bienes comunes y relacionales, generando espacios de hibridación de lógicas para ampliar y mejorar las capacidades instaladas de la sociedad, donde el propósito fundamental será lograr la sostenibilidad socioambiental.

Para lograr la sostenibilidad socioambiental, el voluntariado comunitario deberá entonces, enraizar eficazmente las relaciones comunitarias y alimentarlas; mediante la colaboración crítica con el sector público en los "...procesos de desmercantilización y aumento de la equidad" (Fontova. 2014. p. 1.); pues ello, conlleva a que se generen actividades económica y ambientalmente sostenibles que, a través del trabajo voluntario y una praxis eficaz, produzcan respuestas satisfactorias a las necesidades de las personas.

Aceptar las premisas expuestas en precedente, representa la prueba del cumplimiento de la misión por parte del voluntariado comunitario, lo cual, se verá reflejado en una verdadera y radical dinámica de innovación social que permita ofrecer fórmulas eficaces para la gestión participativa de bienes comunes y relacionales, sobre todo aquellos que están imbricados a la garantía de los derechos humanos así como a las "...maneras sostenibles de ensanchar ese espacio común, que frecuentemente se achica ante nuestra mirada impotente" (Fontova. 2014. p. 1).

Ahora bien, la dinámica de innovación social (verdadera y radical) pasará seguramente por fijar la atención y la praxis en el análisis del entorno y sus componentes bióticos y abióticos, incluidas las actividades antrópicas de orden individual, de tal manera que se pueda crear nuevas formas de trabajo colaborativo y concordancias en cuanto a la forma de abordar los problemas socioambientales, en el sentido que señala Fontova (2014), esto es:

> por trascender ámbitos sectoriales y moldes disciplinares; por ensayar nuevas maneras de mezclar capacidades, recursos, trayectorias; por tensar el arco desde las fortalezas hacia las oportunidades; por arriesgarnos a abrir nuestros espacios a personas y actividades diferentes e inesperadas; por combinar lo presencial y lo virtual; por aliarnos y fusionarnos con otros; por

> imaginar nuevos marcos y relatos para contar y contarnos lo que hacemos; por explorar, con las personas con las que trabajamos, itinerarios diferentes, que quizá pasen por otros mojones menos formales e institucionalizados, menos instalados en una lógica de derivación profesional y más abiertos a una lógica de apoyo social. (p. 1)
> mojones menos formales e institucionalizados, menos instalados en una lógica de derivación profesional y más abiertos a una lógica de apoyo social. (p. 1)

Ya que es ello, lo que siempre ha hecho y hoy día sigue haciendo el voluntariado comunitario y que en palabras de Fontova (2014) se ha denominado “la genuina e imprescindible iniciativa social” (ob. cit. p. 1). En tanto que, las organizaciones del voluntariado comunitario o del tercer sector de acción social como lo denominan Hernanz, Sánchez y Llano (2019), si aspiran a alcanzar sentido y sostenibilidad estratégica deben deslastrarse del aparato ideológico del Estado y de la atracción nada saludable del voraz mercado, recuperando sus raíces relacionales y comunitarias. En este orden y dirección, se debe aceptar que una organización comunitaria de bienestar no puede “ser comunitaria” hacia lo exógeno y “no comunitaria” hacia endógeno.

Las organizaciones del voluntariado comunitario, en tanto, solidarias, gestoras de bien común y de derechos relacionales, por su naturaleza asociativa sin fines lucro, están llamadas a ser las que recuperen y potencien el rol civilizatorio de las comunidades, de las organizaciones y de los movimientos sociales, además, su capacidad para que sus miembros se configuren en sujetos pre-políticos y, posteriormente en políticos, de carácter solidario, que formulan diversas estrategias y procesos económicos, sociales, ambientales y políticos hacen que se produzcan, procesos resilientes que reparan, las contraveniencias que han fragmentado y debilitado a los colectivos comunitarios.

Con el enfoque comunitario al igual que con otras perspectivas o modelos, puede suceder que cuando se profundiza en él, los participantes y praxeólogos se dan cuenta de que venían realizando innumerables actividades o actuaciones del saber hacer propio dentro de las comunidades, las organizaciones y/o los movimientos sociales, en la labor con el voluntariado comunitario y con el trabajo colaborativo con esa visión, aún y cuando no le ponían ese nombre o no se estaba realmente conscientes de hacerlo. Al respecto, vale señalar que reflexionar sobre y formarse en el enfoque comunitario contribuye a que el "ser reflexivo" identifique, mejore, complete, desarrolle, estructure, y potencie, lo que venía haciendo, en diferentes entornos, para fortalecer sus propias aportaciones a la comunidad próxima a través de diversas vertientes y dimensiones de su trabajo.

Según la Agencia de la Organización de las Naciones Unidas para los Refugiados (ACNUR por sus siglas en inglés), el enfoque basado en la comunidad, plantea insistentemente que los beneficiarios del trabajo colaborativo "no sólo tienen el derecho a participar en la toma de decisiones que afectan sus vidas, sino además tienen derecho a obtener información y a esperar transparencia" (ACNUR. 2008. p. 1) por parte de los responsables de la asistencia y del trabajo comunitario. Al colocar a los beneficiarios de una asistencia comunitaria, en el centro de las decisiones operativas, el enfoque basado en la comunidad procura garantizar que Las personas afectadas por una situación socioambiental estén mejor protegidas.

En este sentido, la capacidad para identificar, desarrollar y hallar soluciones duraderas se fortalece, garantizando una praxis comunitaria donde el talento humano y los recursos materiales se utilicen con mayor eficacia. Por lo tanto, tal y como lo plantea ACNUR (2008) "...todas las estrategias encaminadas a impulsar mecanismos de coordinación en materia de atención a grupos sociales vulnerables deben atenerse a los principios de participación del enfoque basado en la comunidad" (p.1).

En ese orden y dirección se hace imperativo que las personas afectadas por un problema socioambiental determinado, participen de forma activa y por igual, en el desarrollo de políticas y estrategias para su solución, así como en el diseño de programas y la aplicación de medidas. No obstante, dado que la problemática socioambiental puede ser considerada en algunas comunidades como un asunto de gran carga política y social, los métodos participativos basados en la comunidad deberían empezar por aplicarse a las personas más afectadas o vulnerables a este tipo de problemas, y enriquecerse con sus ideas y recomendaciones, para intentar incluir a los demás, por ejemplo, a los líderes comunitarios que a. pesar de su rol, realizan praxis no adecuadas.

Vista hasta aquí, la construcción teórica que conceptualiza al enfoque comunitario, se acepta sus postulados como elementos aportantes a la construcción teorética praxiológica ambiental desde el enfoque comunitario para la concienciación social sobre el uso de agroquímicos, pues, se pone de manifiesto el precepto de que no se puede concebir el estudio de las formas para resolver problemas socioambientales de una manera práctica en la realidad circundante, sin apoyarse en un modelo metodológico, fundamentado en una visión paradigmática particular de las dimensiones bio-psico-social-ambiental-espiritual de la vida del ser humano que oriente el trabajo de los colectivos comunitarios y movimientos sociales.

Concienciación Social

La palabra conciencia proviene del latín "*conscientĭa*", que significa "con conocimiento". Por tanto, cuando se trata del acto noético que permite al ser humano percibirse a sí mismo en el mundo. Es la conciencia el conocimiento reflexivo de las cosas. Ciencias como la psicología y la sociología señalan que la conciencia es un estado exclusivamente humano a través del cual, una persona puede interactuar con los estímulos externos que forman la realidad y, a partir de esa interacción, saber interpretarlos. Con relación a ello, la conciencia puede concebirse como el reflejo de las relaciones entre los seres humanos, y es el resultado de procesos socializantes que llevan a entender porque la vida colectivizada es la esfera más compleja del mundo material.

Conjuntamente con los fenómenos de orden socio-económico-ambiental-espiritual, devienen también los fenómenos culturales definidos desde diversas posturas en el concepto de "conciencia social". Dicho concepto, es el reflejo del proceso vital del ser humano, de su existencia dentro de una sociedad, que surge de su actividad histórico-social, de la práctica, de la praxis y en la medida en que es reflejo del "ser social", la conciencia del individuo es, en su esencia, también social y será de la misma manera mientras el "*homosapiens*" exista.

Pero esa conciencia social, debe formarse mediante un proceso al que, desde la psicología, la sociología y la pedagogía autores como Pierre Theilard De Chardin, Paulo Freire, Jean Piaget, Emilie Durkheim y otros más han denominado "concienciación social", y que puede definirse como el conocimiento que una persona tiene sobre el estado de los demás integrantes de su hogar, comunidad, organización de carácter laboral, educativa, cultural o de la sociedad en general. Al respecto, señala Bianco (2020) que la concienciación:

> indica aquella "acción cultural por la liberación", propia de una acción educativa, que tiende a desmitificar la realidad y a preparar al hombre a actuar en la praxis histórica, en base a la cual, la toma de conciencia emerge como intencionalidad y el hombre no es solamente un contenedor de cultura, sino, en el contexto dialectico con la realidad, deviene creador de cultura en un proceso de conocimiento activo, autentico y dinámico. (p. 1)

Es decir que una persona con conciencia social es consciente de cómo el entorno puede favorecer o perjudicar el desarrollo del resto de personas, supone que el ser humano entiende las necesidades del prójimo y por virtud social pretende cooperar para satisfacer esas necesidades a través de distintos tipos de prácticas sociales. De allí, que toda acción social o práctica social para ayudar al conjunto colectivo puede desarrollarse mediante otorgamientos conscientes y coherentes, que pueden ser: económicos, educativos, ambientales de trabajo mancomunado, de actividades de voluntariado y otro tipo de asistencia que se reflejan en el tejido social.

El ser humano a través de un acto genuino de construcción del conocimiento desarrollado mediante procesos formativos (formales o informales) tiende a la "concienciación", de la cual, deviene la verdadera humanización del "homosapiens"; esa humanización evolutiva de la que habla Pierre Theilard De Chardin (*1891 + 1955), en el contexto de las intencionalidades propias del proceso educativo cultural de la sociedad, con el que se tiende a desvelar la realidad, en la proposición radical de transformación de la realidad misma.

Por su parte, Paulo Freire (1969), desde el humanismo pedagógico, sostiene que el concepto de concienciación ocupa un lugar destacado desde el punto de vista filosófico-metodológico, ya que es visto desde una perspectiva "critica" del proceso educativo cultural, el cual se concibe como educación alternativa que tiende a la transformación de la realidad analizada de manera radical, a partir del fenómeno social conocido como "lucha de clases". Para Freire, la primera fase de la concienciación social, está determinada en función de la acción educativa, la cual, es esencialmente pedagógica, pero imperativamente revolucionaria en la metodología. Luego sigue una segunda fase, donde en el discurso pedagógico (no necesariamente producido en la institución educativa) se aclaran y definen los elementos que caracterizan a una educación alternativa para la transformación radical de la realidad.

Sobre los particulares anteriores, el autor se permite postular que en una democratización cultural autentica, la alfabetización de los iletrados no debería tender solamente a la adquisición de las competencias para la lengua escrita (leer-escribir), sino que se debería buscar "concientizar y alfabetizar", ya que como lo plantea Freire, estos dos conceptos "coinciden". De allí, que, en relación al método educativo de concienciación, Freire (1969) escribe:

> Es solamente por medio de la educación que no separa la acción de la reflexión, la teoría de la práctica, la conciencia del mundo, que es posible adquirir aquella forma dialéctica del pensamiento que contribuya a la inserción del hombre como sujeto de la realidad histórica. (p. 129)

Es decir para el autor citado, necesario es que contra la vocación a la conservación del "*status quo*" que es típica de las clases dominantes, impulsadoras de la "educación bancaria" depositaria del conocimiento en una impositiva transferencia alienada que niega espacios a lo dialógico del conocimiento, deberá procurarse una educación que trabaje hacia la concienciación, vale decir una educación que implique una crítica radical y rigurosa de la realidad, y que represente, más que la simple toma de conciencia, la superación real de la falsa conciencia (ingenua y alienada), para permitir una autentica inserción critica de las personas en la realidad librada de todo mito.

Ergo: No es posible concientización alguna, si antes no se produce una denuncia radical de las estructuras de deshumanización propias de la condición de aquel ser humano al que Freire llama "oprimido". Se quiere decir: solamente mediante un proceso socio-educativo-ambiental liberado y liberador y una actitud crítica cuando se reflexiona sobre la realidad, será que se llegue ala "concientización" como proceso formativo que lleva a una praxis revolucionaria de los modos de vida y de consumo. Similar a Antonio Gramsci (*1891 +1937), en su práctica educativa, Freire defendía que toda revolución pedagógica es también revolución social. Así, en su obra "Cultural Action for Freedom", Freire sostiene que la articulación educación-política, imperante hace imposible llegar a la conciencia crítica a través del mero esfuerzo intelectual, sino en la praxis, en la imbricación entre reflexión y acción es que se conseguirá la concienciación social.

Así, todo proceso socio-educativo-ambiental (para Freire alfabetización) constituye un método de concienciación social, cuando se transforma en un acto creativo de construcción de conocimiento y de dialogo de saberes, que permite al ser humano empoderarse de su propia realidad haciendo posible que la conozca para poder transformarla. Dentro de ese contexto, es que la pedagogía de Paulo Freire, formula las implicaciones ontoepistémicas del nexo educación- política, para la transformación de la conciencia social, donde, el conocimiento muta hacia dialogo creador y proceso de reflexión (dialogización) que permite llegar a concebir la relación ser humano-sociedad-ambiente, reconociendo el rol de los cuidadnos en la transformación de la realidad.

Pero, no es la concienciación la que "cambia la historia", es la acción que lo hace. Sin embargo, la toma de conciencia nos obliga a ver la historia como realidad" (Freire. 1971. p. 88), por tanto, la concienciación es una invitación para que el ser humano asuma una posición utópica frente a la realidad, esa realidad compuesta por todos los elementos y factores que subyacen en el ambiente. Al respecto, Freire, haciendo coincidencia con el pensamiento de Ernst Bloch, presupone para la acción educativa el principio de la "esperanza", apostando a que la utopía no es irrealizable, sino que asume la realización como la proyección hacia una sociedad más justa, más humana, más ecológica donde "Los hombres pueden cumplir la necesaria condición de estar en el mundo, porque están en condición de tomar distancia de englobar en la educación y en la praxis, un mensaje de liberación".

En su antropología filosófica, Freire plantea que seres humanos no están solamente en el mundo, sino con el mundo, junto con otros congéneres, produciendo transformaciones simultáneas, a sí mismos y al resto del mundo mediante su acción. A su vez, el ser humano expresa la realidad universal en códigos lingüísticos creativos, "Los hombres pueden cumplir la necesaria condición de estar en el mundo, porque están en condición de tomar distancia de él". (Paulo Freire. 1971. p. 93).

Plantea Freire: "Una pedagogía utópica de anuncio y de denuncia, como es la nuestra debe ser un acto de conocimiento de la realidad denunciada a nivel de alfabetización y de pos-alfabetización, que constituyen, en todo caso, una acción revolucionaria" (p. 93. ob. cit.) Explicando así su confianza en la acción educativa, que problematiza la realidad y permite a los seres humanos en la esencia de la realidad "problematizada", desvelando su esencia y fundamento. En ese transitar revolucionario, la pedagogía del "oprimido" se convierte en "concienciación", abriendo las posibilidades para la implementación del proyecto de transformación de su realidad de opresión.

Así las cosas, resulta sensato pensar que en el proceso de concienciación, la acción cultural se erige como revolución cultural, en el empalme entre educación-praxis política. Es por esta razón que en la visión de Freire (1971) "El sentido pedagógico, dialógico, de la revolución, que es también revolución cultural, debe acompañarla en todos sus momentos" (p. 95). Lo que significa que todo proyecto revolucionario implica una acción cultural que se transforma en revolución cultural, porque tiene implícito el esfuerzo de cuestionar y rechazar la cultura dominante, antes que la revolución sea una realidad.

Como se puede apreciar, es evidente la existencia de un nexo profundo entre la concienciación y la lucha de clases y ante esto, Freire inserta en su análisis de manera progresiva y con una exquisitez pedagógica-metodológica, el análisis de políticas puntuales, doveladas desde los postulados humanista y marxista. Sobre este particular en la "Pedagogía de los oprimidos", asume abiertamente una clara posición política, sobre todo cuando analiza la relación entre la educación y la alienación en una sociedad dominada por la opresión y por la explotación.

Freire profundiza su análisis en la problemática de su natal Brasil, pero dicha noesis, se muestra vigente en los países y continentes donde la cultura dominante que se perpetúa en forma depositaria y violenta. En relación con el comentario previo, se tiene que el pensamiento freiriano es a ultranza contrario ala absolutización de la ignorancia, por ello, aduce una acción educativa que pone a la concienciación como el núcleo central de una conciencia crítica y finalmente, revolucionaria. Si la educación, como "...práctica de la libertad, es un acto de conocimiento, un acercamiento critico a la realidad" (Freire. 1971. p. 103), entonces no cabe dudas al respecto, que es el proceso más coincidente con el proceso de concienciación social, por la cual los seres humanos descubren la realidad en la "praxis", es decir develan la realidad en la unidad indisoluble entre acción y reflexión sobre el mundo.

De esa manera, se comprende que la reconstrucción de la complejidad de los sentidos que el concepto de concienciación ha asumido progresivamente en el análisis y pensamiento educativo de Paulo Freire, permite demostrar con mayor claridad cada vez más el sentido político que el concepto implica, dentro de una verídica acción cultural para la liberación. De ese modo, la educación, entendida como práctica de la libertad, renovar al ser humano en la realidad social y lo hace autentico instrumento de liberación, postulado este que deviene de la pedagogía de la esperanza para el presente y el futuro de la humanidad.

Sobre la base de los planteamientos previos, resulta importante subrayar que dentro del ámbito de la ciencia psicología, adicional del estado descrito de conciencia social (concienciación), existe otra triada, esto es: la conciencia individual, que se define como la conciencia que una persona tiene de sí misma; la conciencia emocional, la cual, establece qué es lo bueno y qué es lo malo que la persona puede hacer y que puede afectar a la familia, al barrio o comunidad, se quiere decir, se trata de conciencia moral; y, la conciencia temporal, que se sustenta en el establecimiento de cómo el entorno puede afectar tanto al futuro de cada cual, como al de toda la comunidad.

Actualmente se puede afirmar la existencia de innumerables temas sobre los que cada vez se produce más conciencia social. En este caso, se tendría que resaltar aquellas cuestiones que hacen referencia a lo que es el ambiente y el ser humano como parte inconmensurable de él, pues, cada vez se produce más conciencia social en cuanto a la importancia que tiene el proteger ambiente, lo que se traduce en acciones para por ejemplo reducir lo que es la contaminación ocasionada a diversas escalas: manejo de desechos, energías fósiles, uso exacerbado de agroquímicos, otras.

Desde el pensamiento marxista se afirma que la conciencia social se pone de manifiesto a través de la ideología política, la religión, el arte, la filosofía, la ciencia y hasta de la estructura jurídica de una sociedad. Según los marxistas, el ser humano que no logra comprender esto, se encuentra marginado. Desde esta visión, resulta obvio identificar que las distintas formas de la conciencia son el reflejo de distintas formas de dominación y aspectos de la realidad, por ejemplo, las ideas políticas reflejan las relaciones entre las clases, naciones y estados y sirven de fundamento a los planes y programas políticos que se escriben en la actuación de las clases y grupos sociales; en la ciencia, se centra en el conocimiento de las leyes de la naturaleza y de la sociedad.

Por ello, cada forma de la concienciación posee un objeto privativo que se refleja y se caracteriza, así mismo, dado su forma especial de reflejarse. Por ejemplo, se tienen el concepto científico, norma moral, imagen artística, dogma religioso, pero la riqueza y la complejidad del mundo objetivo solo crea la posibilidad de que aparezcan distintas formas de concienciación social. Esta posibilidad se transmuta en realidad en función de las necesidades sociales concretas.

Así las cosas, se tiene que la génesis de la ciencia deviene únicamente, cuando se acumula experiencia y esos conocimientos empíricos resultan limitados para producir avances en la producción social; las concepciones e ideas políticas y jurídicas afloraron, con la aparición de las clases y el Estado, para dar fundamento y consolidar las relaciones de dominio y subordinación. En cada elaboración de orden económico-social-ambiental, todas las formas de la conciencia social están vinculadas entre sí, y en su entramado conceptual constituyen la vitalidad del espíritu dela sociedad. La peculiaridad pormenorizada de las necesidades sociales que originan unas u otras formas de concienciación social, determina, el rol histórico concreto que dichas formas cumplen en la vida y desarrollo de la sociedad.

Uso de agroquímicos

Realizar un constructo teórico sobre el uso de agroquímicos, implica partir del contexto histórico que permita fijar una postura de orden paradigmática que, sin entrar en diatribas, permita exponer una conceptualización que describa tal actividad desde las diversas perspectivas que permean el debate sobre sus benignidades o amoralidades. Al respecto, se tiene que la producción de agroquímicos a nivel mundial, se desató de manera desaforada desde los inicios del siglo XX, dado el auge experimentado por la industria petrolera. Sin embargo, la producción y uso de estas sustancias compuestas, así como de solventes, combustibles (gasolinas, diesel, kerosene) lubricantes u otros, han producido una creciente carga de estas sustancias en la atmósfera, hidrósfera, suelos y sedimentos, lo que ha provocado episodios críticos de contaminación en el ambiente.

Por otra parte, el uso agrícola de químicos y tóxicos (plaguicidas) representa según García y Rodríguez (2012): "...un subconjunto del espectro más amplio de productos químicos industriales utilizados en la sociedad moderna" (p. 1). Sobre este particular se tiene que según la base de datos de la Sociedad Química Americana (ACS por sus siglas en inglés), para la última década del siglo XX, se habían identificado más de trece millones de productos agroquímicos, a los que "...se suman cada año unos 500,000 (sic) nuevos compuestos" (Ongley, P. 1997. Citado por García y Rodríguez. 2012).

Ello explica, el avance de la producción agrícola de alta dependencia tecnológica química y mecánica, que ha llevado a la realización por parte de académicos y estudiosos de diversos esfuerzos, tendientes a la construcción, consolidación y aplicación de conocimiento para mitigar o transformar sus distintos y peligrosos efectos. En este sentido, numerosos estudios ambientales, agronómicos y epidemiológicos han permitido y están permitiendo observar las limitaciones del modelo productivo sustentado en el paquete agrotecnológico (químico y mecánico), así como la necesidad de generar estrategias que primen la salud pública. Con relación a esto, González (2019), ha planteado:

> Los países del cono sur de Latinoamérica, que en los últimos años profundizaron y ampliaron su frontera agrícola, vieron incrementar de sobremanera el uso de agroquímicos. Sólo en lo que refiere al herbicida glifosato Argentina aumentó en un 1400% su aplicación entre 1996 y 2006. En Brasil la aplicación de glifosato pasó 57,6 mil toneladas en el 2003 a 300 mil toneladas en el 2009. En Uruguay los datos disponibles refieren a la importación de agroquímicos en general, que en el 2002 fue de 7 mil toneladas y en el 2015 ese número ascendió a las 24 mil toneladas. En Paraguay las importaciones pasaron de 9 a 31 toneladas entre el 2009 y el 2015. Parte de estos incrementos se vincularon con la aplicación del paquete tecnológico para cultivos agrícolas extensivos: siembra directa, utilización de semillas transgénicas y realización de barbechos químicos. (p. 367)

Haciendo saber, que dichos cambios en el contexto de lo productivo sencillamente representaron una multiplicación de las comunidades y movimientos sociales que están expuestos a las sustancias químicas, y que el aumento en su uso ha potenciado la preocupación, las denuncias y los temores de la población en lo que se refiere a los efectos nocivos sobre la salud de quienes se exponen al contacto con estas sustancias. Por tanto, una primera aproximación a la conceptualización del "uso de agroquímicos" se debe imbricar al término "riesgo", pues, su sola presencia en el lar o en el campo de trabajo, ya debería poner en alerta a quien manipula el agroquímico y a quienes se encuentren en el área donde será aplicado.

Al respecto, Díaz y Muñoz (2013), definen los riesgos como "...aquellos elementos, eventos o acciones humanas que puede provocar daño en la salud de los trabajadores, en el sector rural uno de los riesgos por falta de medidas preventivas es el manejo y uso indiscriminado de plaguicidas" (p. 5), mientras que según Bejarano (2011):

> los efectos negativos más comunes asumidos a estas sustancias, son dolores de cabeza, náuseas, vómitos, dolores de estómago y diarreas; sin embargo, la intensidad de estos efectos sobre la salud depende del tipo de plaguicida y su grado de toxicidad, cantidad o dosis de exposición, frecuencias de aplicación y utilización de medidas de protección personal (p. 32)

En la mayor parte de los sectores rurales del mundo (incluyendo el escenario de esta investigación), la economía depende de la producción agrícola y pecuaria, siendo su aporte de suma importancia al producto interno bruto de las zonas locales y por ende de cada Estado nacional, sin embargo, para permanecer en el mercado, los agricultores se han visto en la necesidad de aumentar la producción, con el uso de variados y agresivos productos químicos, entre ellos los plaguicidas; generando en el ámbito laboral y familiar peligros y riesgos para la salud por el uso inadecuado de éstos y la poca adopción de los elementos de protección para su manipulación.

Algunos antecedentes, sobre la situación previa se refleja en trabajos como los de García y Rodríguez (2012), quienes presentaron una revisión sobre las principales causas y efectos en la salud de agricultores por el uso excesivo de plaguicidas, o Tabares et al. (2016), los cuales desarrollaron un análisis de los factores de riesgo por el uso y manejo de plaguicidas en las cuencas que alimentan a los sistemas de acueductos. Determinando que más de la mitad de los sectores estudiados presentaban el factor de riesgo, registrando más de medio centenar de agroquímicos aplicados de todas las categorías toxicológicas o más recientemente López (2017), quien determinó que alrededor del 80% de los agricultores no utilizaban equipo de protección adecuado para realizar la labor; y la morbilidad más frecuente fue infección respiratoria aguda.

Estos estudios, reconocen la importancia de las prácticas de salud ocupacional en el ambiente de trabajo de los agricultores, así como la realización de estudios de diagnóstico de los contextos locales y regionales bajo los cuales los campesinos manipulan las sustancias químicas. Igualmente, hacen referencia a que los agricultores, reconocen el peligro al que están expuestos al manipular plaguicidas, pero, no implementan los equipos e indumentarias de Protección Personal, ya que sólo cuentan con la protección disponible de acuerdo a sus propios recursos para las labores de fumigación de cultivos.

Así las cosas, resulta relevante el desarrollo permanente de procesos de investigación pertinentes respecto a los riesgos en la salud por el uso de agroquímicos, ya que ello, contribuye a que se desarrolle una praxiología que independientemente de lo compleja y dificultosa que resulte la situación, será susceptible de ser contextualizada con base en: escenarios posibles, factores de riesgo y naturaleza de los peligros. Por otra parte, la ineficiencia observada en los controles existentes, tanto en la fuente, ambiente y ser humano, ha hecho que la población de agricultores sea considerada especialmente vulnerable a ser afectada por riesgos asociados al uso de agroquímicos, es por ello, que el autor piensa que los grupos de población particularmente expuestos o vulnerables por lo general son encabezados por agricultores que usan y manejan agroquímicos (como los habitantes del sector EL Guayabo) y por ende se les debe educar para que conozcan los riesgos a los cuales se encuentran expuestos.

En este sentido, resultará beneficiosa una praxiología que lleva a que las instituciones y profesionales de la salud puedan proponer programas de prevención y promoción, que propenda por el bienestar integral de los agricultores, ya que al identificarse los riesgos para la salud de los agricultores por el uso excesivo, permanente y manejo inadecuado de agroquímicos de categoría toxicológica moderadamente peligrosa, se debe propender a que este tipo de actividades deban ser suspendidas hasta que se controlen, lo que requiere de medidas de seguimiento y medias de contingencia.

Contexto legal

Algunas de las normas escritas más relevantes del ordenamiento jurídico venezolano, relacionadas con la teorética praxiológica ambiental desde el enfoque comunitario para la concienciación social sobre el uso de agroquímicos, por contemplar de manera directa o indirecta la protección de las personas y del medio ambiente de los efectos dañinos ocasionados por el uso de estas sustancias en el territorio nacional, se reseñan de seguida, ordenadas según la Pirámide de Kelsen, ellas son las siguientes:

La *Constitución de la República Bolivariana de Venezuela (CRBV)*, vigente desde el año 1999 cuando fue aprobada por el voto popular directo y secreto, promueve en su articulado la protección del ambiente y de toda forma de vida; materia ésta que se encuentra imbricada al uso de los agroquímicos. Al respecto destaca del texto constitucional el Capítulo V. De los Derechos Sociales y de las Familias, donde se contempla en sus artículos 83 y 84 el derecho que todos tienen a la protección de la salud, e indica la obligación que tienen las autoridades de velar por el mantenimiento de la salud pública y proporcionar los medios para su prevención y asistencia.

Igualmente, en el Capítulo VII. De los Derechos Económicos. Se establece en su artículo 117 "todas las personas tendrán derecho a disponer de bienes y servicios de calidad, así como la información adecuada y no engañosa sobre el contenido y características de los productos que consumen.", en el mismo orden y dirección, la carta magna venezolana establece en el Capítulo IX. De Los Derechos Ambientales, en el artículo 127:

> Es un derecho y un deber de cada generación proteger y mantener el ambiente en beneficio de sí mismo y del futuro. Toda persona tiene derecho individual y colectivamente a disfrutar de una vida y de un ambiente seguro, sano y ecológicamente equilibrado. El Estado protegerá el ambiente, la diversidad biológica, genética, los procesos ecológicos, los parques nacionales, y demás áreas de especial importancia ecológica. El genoma de los seres vivos no podrá ser patentado, y la ley que se refiere a los principios bioéticos regulará la materia.
> Es una obligación fundamental del Estado con la activa participación de la sociedad, garantizar que la población se desenvuelva en un ambiente libre de contaminación, en donde el aire, el suelo, las costas, el clima, la capa de ozono, las especies vivas, sean especialmente protegidos, de conformidad con la Ley.

Y a un mismo tenor en el artículo 129 indica que:

> Todas las actividades susceptibles de generar daños a los ecosistemas deben ser previamente acompañadas de estudio de impacto ambiental y sociocultural. El Estado impedirá la entrada al país de desechos tóxicos y peligrosos, así como la fabricación y uso de armas nucleares, químicas, y biológicas. Una Ley especial regulará el uso, manejo, transporte y almacenamiento de sustancias tóxicas y peligrosas.

Luego, está la *Ley Aprobatoria del Convenio de Basilea* sobre el control de los Movimientos Trans-fronterizos de los Desechos Peligrosos y su Eliminación, vigente desde el año 1.998, en ella, se establece que las partes contratantes intentan regular la circulación entre países de estos desechos, y conscientes del daño que los mismos desechos pudiesen causar al ambiente y a la salud humana, acuerdan regular el movimiento transfronterizo de los desechos y su eliminación. Para lograrlo, se ha pretendido por la vía legal de reducir al mínimo la generación de desechos peligrosos y, construir instalaciones adecuadas para su eliminación, así como disminuir al máximo su movimiento transfronterizo y tomar las medidas adecuadas para que no se contaminen las personas que trabajan con los desechos, ni el ambiente en el cual se desarrolla tal actividad.

También es referente legal de la teorética praxiológica ambiental desde el enfoque comunitario para la concienciación social sobre el uso de agroquímicos, la *Ley Aprobatoria del Convenio de Rótterdam* sobre el procedimiento de consentimiento fundamentado previo a ciertos plaguicidas y productos químicos peligrosos, objeto de comercio internacional. Aprobada por la Conferencia de Plenipotenciarios que se celebró en Rótterdam en septiembre de 1998 y que Venezuela aprueba definitivamente en mayo del 2004 y se convierte en ley en diciembre del mismo año.

El propósito que se persigue con este Convenio es promover la responsabilidad compartida y los esfuerzos conjuntos de las partes en la esfera del comercio internacional de ciertos productos químicos peligrosos, a fin de proteger la salud humana y el medio ambiente frente a posibles daños, y además contribuir a su utilización racional. En tanto, pretende facilitar el intercambio de información con relación a la caracterización de los productos químicos peligrosos, estableciendo un proceso nacional para la toma de decisiones sobre la importación y exportación de esos productos, difundiendo esas decisiones a las partes.

El procedimiento de consentimiento fundamentado previo es un mecanismo para obtener y difundir oficialmente las decisiones de las partes importadoras acerca de si desean recibir en el futuro exportaciones de los productos químicos detallados en el convenio, para así garantizar el cumplimiento de las decisiones tomadas por las partes exportadoras. Al respecto, para cada producto químico listado por el Convenio y sujeto al procedimiento de consentimiento fundamentado previo, se formula un vademécum orientador para el proceso nacional de toma de decisiones y se remite a todas las partes, con el fin de ayudar a los gobiernos a evaluar los riesgos asociados a la manipulación y utilización del producto químico en cuestión, y a tomar las decisiones fundamentales sobre su importación y utilización en el futuro, teniendo en consideración las condiciones locales de cada región del país.

Otro instrumento que da cimientos jurídicos a la presente investigación es la *Ley Aprobatoria del Convenio de Estocolmo sobre Contaminantes Orgánicos Persistentes*. Este vademécum fue promulgado en Gaceta oficial en el año 2005, con el objetivo de proteger la salud humana y el medio ambiente frente a los contaminantes orgánicos persistentes; algunos de ellos parte componente de plaguicidas usados por los ciudadanos. En la misma se insta a las partes contratantes a prohibir su uso, y además a adoptar las medidas jurídicas y administrativas necesarias para eliminar su producción y utilización, así como también su exportación e importación, salvo que sea para la eliminación ambiental racional de esos productos, también pretende reducir o eliminar su liberación no intencional, o la de sus existencias y desechos.

Ley Orgánica del Ambiente: Promulgada en el año 2006 y vigente desde el 22 de junio de 2007 (Día de La Tierra). En su contenido, se presenta artículos que tienen incidencia en la materia de agroquímicos y plaguicidas, a saber: los artículos 1 y 2, que disponen como objeto de la ley establecer las disposiciones y los principios rectores para la gestión del ambiente, entendida esta como el proceso constituido por un conjunto de acciones o medidas orientadas a diagnosticar, inventariar, restablecer, restaurar, mejorar, preservar, proteger, controlar, vigilar y aprovechar los ecosistemas, la diversidad biológica y demás recursos naturales y elementos del ambiente, en garantía del desarrollo sustentable.

En el artículo 3, se define términos tales como contaminación, contaminante, daño ambiental, impacto ambiental, preservación ambiental, otros, los cuales implican el uso y manejo de agroquímicos y plaguicidas por parte de los ciudadanos. Por otra parte, y en relación a la Gestión del Ambiente, reseñada en el artículo 8, estos postulados son aplicables para las actividades capaces de degradar el ambiente, incluidas aquellas relativas al uso de agroquímicos y plaguicidas. En consecuencia, es una obligación evaluar los efectos de su uso en relación con el ambiente y los recursos naturales. De acuerdo a lo establecido en el artículo 10 de este instrumento jurídico, algunos de los objetivos de la gestión del ambiente que ejecuta la autoridad nacional ambiental son:

> 6º: prevenir, controlar y regular las actividades capaces de degradar el ambiente, 7º reducir o eliminar las fuentes de contaminación que sean perjudiciales o puedan ocasionar perjuicio a los seres vivos, 11º promover la adopción de estudios e incentivos económicos y fiscales, en función de la utilización de tecnologías limpias y la reducción de parámetros de contaminación

Objetivos todos que están directamente relacionados con el uso y manejo de agroquímicos y plaguicidas por parte de los ciudadanos. En el mismo orden y dirección la Ley Orgánica del Ambiente (2007), refiere en su artículo 12, lo concerniente al concepto de calidad ambiental "calidad Ambiental", presuponiendo el no uso o cuando mucho el uso mínimo de agroquímicos y plaguicidas en las actividades productivas y laborales cotidianas del ser humano. De relevante atención resulta, lo establecido en el artículo 57 de la ley sobre la "calidad del agua", la cual, resulta afectada por el uso de agroquímicos y plaguicidas.

Igualmente sucede con la calidad de la atmósfera, a la cual, se hace referencia en el artículo 60, ya que la misma, se ve afectada por los compuestos de los agroquímicos y los pesticidas, situación idéntica acontece con los postulados para conservar el suelo y el subsuelo establecidos en el artículo 62. El contenido del artículo 67, es importante pues reseña la creación de registro de información ambiental, para la consolidación del inventario de fuentes de emisión y contaminación de suelos, aire y agua, entre otros asuntos a atender en esta materia ya que el uso de agroquímicos y pesticidas es necesariamente una fuente de contaminación de estos recursos.

La Ley Orgánica del Ambiente, establece como imperativo a la autoridad nacional ambiental, procurar el control preventivo sobre las actividades contaminantes y sus efectos degradantes sobre el ambiente, este control es la dovela para el otorgamiento o no de permisos para el uso de uso de agroquímicos y pesticidas. Según el artículo 80 de la Ley Orgánica del Ambiente, son actividades capaces de degradar el ambiente "...5º las que alteren las dinámicas físicas, químicas y biológicas de las aguas, 7º aquellas vinculadas con el manejo y almacenamiento de sustancias, materiales y desechos peligrosos, radiactivos y sólidos". En el artículo 92 de la Ley Orgánica del Ambiente, se establece el control posterior, el cual, pasa por verificar la ausencia de concentraciones o excesos de agroquímicos y pesticidas en recursos y productos.

Por su parte, la *Ley Orgánica de Prevención, Condiciones y Medio Ambiente de Trabajo (2005)* de la cual, su objeto es establecer las instituciones, normas y lineamientos de las políticas, y los órganos y entes que permitan garantizar a los trabajadores y trabajadoras, condiciones de seguridad, salud y bienestar en un ambiente de trabajo adecuado y propicio para el ejercicio pleno de sus facultades físicas y mentales, mediante la promoción del trabajo seguro y saludable, la prevención de los accidentes de trabajo y las enfermedades ocupacionales, la reparación integral del daño sufrido y la promoción e incentivo al desarrollo de programas para la recreación, utilización del tiempo libre, descanso y turismo social. Se imbrica a la presente investigación ya que trabajar con agroquímicos y pesticidas significa exponer al trabajador a riesgos de salud, aun cuando se estén cumpliendo las normas y dispositivos de seguridad personal y para el lugar de trabajo.

Es también referente legal de esta producción doctoral, la *Ley Orgánica de Seguridad de la Nación (2002)*, en la cual, se establece que la seguridad de la nación se fundamenta en el desarrollo integral y es la condición, estado o situación que garantiza el goce y ejercicio de los derechos y garantías constitucionales por los ciudadanos, en tanto que el desarrollo integral pretende satisfacer las necesidades individuales y colectivas de la población en los ámbitos económico, social, político, cultural, geográfico, ambiental y militar. En el articulado de este vademécum, hay postulados que enfocan el aspecto de protección, y en consecuencia tienen relación con el uso y abuso de agroquímicos y pesticidas, a saber:

- En el artículo 9, se establece la necesidad de procurar proteger a la familia mediante políticas dirigidas a fortalecer y preservar la calidad de vida de los venezolanos y venezolanas.

- En el artículo 12, se dice que la diversidad biológica será protegida como patrimonio vital de la nación, garantizando el uso y disfrute de un ambiente sano, seguro y ecológicamente equilibrado a las generaciones futuras.

- En el artículo 24, se establece que para lograr estas protecciones la nación dispone del sistema de Protección Civil, el cual tiene entre sus funciones: (a) la promoción y desarrollo de la autoprotección ciudadana; (b) diseñar y desarrollar programas educativos y de capacitación de las comunidades en gestión local de riesgo y protección civil.

En lo que respecta a la *Ley de Residuos y Desechos Sólidos (2004)*,este instrumento tiene interés general lograr que la gestión de los residuos y desechos sólidos (como por ejemplo los envases y/o recipientes donde vienen los agroquímicos y pesticidas) descartados por el ser humano propendan a mejorar la calidad de vida de los ciudadanos y así evitar el peligro que puedan causar a la salud de las personas y al ambiente. Así, en su artículo 1 establece que:

> La generación, manipulación, transporte, tratamiento y disposición final de residuos peligrosos quedarán sujetos a las disposiciones de la presente ley, cuando se tratare de residuos generados o ubicados en lugares sometidos a jurisdicción nacional o, aunque ubicados en territorio de una provincia estuvieren destinados al transporte fuera de ella, o cuando, a criterio de la autoridad de aplicación, dichos residuos pudieren afectar a las personas o el ambiente más allá de la frontera de la provincia en que se hubiesen generado, o cuando las medidas higiénicas o de seguridad que a su respecto fuere conveniente disponer, tuvieren una repercusión económica sensible tal, que tornare aconsejable uniformarlas en todo el territorio de la Nación, a fin de garantizar la efectiva competencia de las empresas que debieran soportar la carga de dichas medidas.

A un mismo tenor, recalca en su artículo2, que "Será considerado peligroso, a los efectos de esta ley, todo residuo que pueda causar daño, directa o indirectamente, a seres vivos o contaminar el suelo, el agua, la atmósfera o el ambiente en general. "Como se puede apreciar ambos artículos expresan con de manera clara la preponderancia de los agroquímicos y plaguicidas y su uso, como elementos nocivos para el ambiente y sus componentes, incluido entre ellos, el humano.

Por su parte, la *Ley sobre Sustancias, Materiales y Desechos Peligrosos (2001)*, en el contenido de su articulado se relaciona estrechamente con los efectos de las sustancias químicas, componentes de los agroquímicos y plaguicidas, sobre el ambiente y la salud. De por sí, en su artículo 1, se establece como objeto: regular la generación, uso, recolección, almacenamiento, transporte, tratamiento y disposición final de las sustancias, materiales y desechos peligrosos, así como cualquier otra operación que los involucre, con el fin de proteger la salud y el ambiente, mientras que en su artículo 2 incluye, la regulación de aquellas sustancias y materiales nacionales o importados a ser destinados para uso agrícola.

Un aspecto interesante de esta ley, es la prohibición taxativa expuesta en el artículo 6, a la descarga de estas sustancias, materiales o desechos peligrosos, en el suelo, subsuelo, cuerpos de agua o al aire libre, si contravienen reglas técnicas en la materia. Al igual que la del artículo 7, que prohíbe el uso, importación y distribución de productos químicos contaminantes orgánico-persistentes. Define el término plaguicida en su artículo 9, y como los mismos se clasifican según su toxicidad. Así como su aplicación aérea sobre zonas pobladas, embalses y cuerpos de agua de consumo humano, riego o abrevadero de reses está prohibido (artículo 62). Según la Ley "in comento" (2001), no pueden manipularse ni almacenarse sustancias, materiales ni desechos peligrosos en instalaciones donde se elaboren, envasen o almacenen alimentos, medicinas, otros. (Artículos 9, 57, 61 y 62) y taxativamente ordena que su uso agrícola debe adecuarse a la normativa vigente (artículo 63)

También forma parte del contexto legal del presente estudio el *Decreto Presidencial Nº 1.847, Reglamento General de Plaguicidas (1992):* Este reglamento es la norma específica venezolana vigente en materia de plaguicidas, está constituido por cuarenta y tres artículos organizados en siete capítulos y tiene por objeto la regulación, el control y la vigilancia en la fabricación, formulación, comercialización y utilización de los plaguicidas, de acuerdo a las normas establecidas por los organismos competentes. En su artículo 2 del reglamento define diferentes conceptos relacionados con el tema, entre ellos el de plaguicida que guarde cierta concordancia con la definición adoptada por la FAO en noviembre de 2002, omitiéndose en la definición venezolana la alusión directa a los vectores de enfermedades humanas o animales; así como se hacen definiciones de residuos de plaguicidas, toxicidad, uso restringido, otros.

Se crea una Comisión Técnica de Plaguicidas integrada por representantes de varios ministerios para asesorar al ejecutivo en esta materia, de acuerdo al artículo 3. Tanto la clasificación como la evaluación toxicológica de los plaguicidas en Venezuela están determinadas por las normas dictadas por la Comisión Nacional de Normas Industriales

(COVENIN), según artículos 6 y 7. Además puntualiza que todas las personas dedicadas a la actividad de agroquímicos y plaguicidas deben registrarse en él, hoy día Ministerio del Poder Popular para la Agricultura y Tierras, al igual que los productos plaguicidas en el comercio, ello de acuerdo con el contenido de los artículos 8 y 9. .

El decreto también establece que aquellos plaguicidas no registrados previamente en el Ministerio del Poder Popular para la Agricultura y Tierras, tienen prohibida su importación, comercialización, fabricación y publicidad (artículo 22). De la misma manera, está prohibida su aplicación en aéreas cercanas a embalses o zonas pobladas, así como almacenarlos donde se almacenen productos alimenticios. Está prohibido el transporte de agroquímicos y plaguicidas en envases deteriorados, de acuerdo con lo establecido en los artículos 22 al 38.

La norma *Covenin*, da soporte legal a la teorética praxiológica ambiental desde el enfoque comunitario para la concienciación social sobre el uso de agroquímicos. La Comisión Venezolana de Normas Industriales (COVENIN), es un organismo creado en el año 1958, mediante Decreto Presidencial No. 501, al cual, se le ha legado la misión de planificar, coordinar y llevar adelante las actividades de normalización y certificación de calidad en Venezuela, A su vez, COVENIN sirve al Estado venezolano y a la instancia de la administración pública en materia de producción y comercio en particular, como órgano asesor.

Según la norma venezolana de plaguicidas (Covenin 1106:1995), se establece la clasificación de los plaguicidas de acuerdo al ámbito de aplicación y evaluación toxicología. Así mismo contempla la clasificación según su toxicidad y/o peligrosidad sobre la base de la letalidad de la dosis aguda oral. Dérmica y/o por inhalación de los mismos. Indica también, las definiciones necesarias para tal clasificación. En la norma Covenin 2268:1996, se establece las medidas de salud ocupacional y publica, que deben cumplirse para el transporte, almacenamiento, manipulación y uso de plaguicidas, con el propósito de controlar el riesgo y evitar el daño a la salud, tanto a los trabajadores como de la población en general. Esto se enfatiza en el literal 1.2 donde, se ordena que la normativa sea cumplida por toda o persona natural o jurídica, pública o privada, que fabrique, formule, envase, almacene, distribuya o apliques plaguicidas.

Para los efectos de la norma Covenin, son trabajadores expuestos a plaguicidas: los fumigadores y ayudantes, trabajadores de fábricas, formuladores, transportistas y expendedores, personal de laboratorio, investigadores, trabajadores agrícolas, técnicos sanitarios y fitosanitarios, mecánicos y operadores de equipos agrícolas destinadas a la fumigación aérea y todas aquellas personas que en su actividad o desempeño deben estar en contacto con plaguicidas o sus materias primas. Al respecto, en su numeral 5 se establece las medidas de higiene ocupacional; allí se señala la información previa que debe tener todo trabajador expuesto, en cuanto al riesgo; así como cuáles son los equipos de protección, el saneamiento básico, educación y adiestramiento, evaluación médica, primeros auxilios, y disposición de desechos.

La Ley Orgánica de Seguridad y Soberanía Agroalimentaria (2008), la cual tiene por objeto por objeto establecer el marco normativo para alcanzar la soberanía agroalimentaria del país a través del desarrollo endógeno de la producción agropecuaria interna, en forma integral y sustentable, estimulando y desarrollando la investigación y educación alimentaria, satisfaciendo las necesidades nutricionales de la población y garantizando la seguridad alimentaria, en concordancia con el contenido del artículo 305 de la Constitución Nacional. Su título IV denominado De la Inocuidad y Calidad de los Alimentos, plantea que la calidad de los alimentos destinados a satisfacer las necesidades de la población es, como se ha dicho, objeto principal de este Decreto con Rango, Valor y Fuerza de Ley Orgánica.

Por ello no escapa a su desarrollo la delimitación de las disposiciones en materia de calidad e inocuidad de dichos alimentos. De tal forma, se ha dispuesto en el Capítulo I (Disposiciones Generales) un articulado referido a la garantía, requisitos básicos, principios, parámetros y sistemas de gestión de la inocuidad y calidad de los alimentos. El desarrollo de estas normas ha sido establecido según su incidencia en la Producción Interna (Capítulo II), en la importación de alimentos (Capítulo III) o en su exportación (Capítulo IV).

En este sentido, la investigación y nuevas tecnologías, el control de factores de riesgo, manipulación de materia prima, condiciones de conservación, análisis de riesgo, normas sobre rotulación o empacado, uso de agroquímicos, medicamentos veterinarios y otros productos, mantenimiento de residuos dentro de límites permisibles y la aplicación de técnicas de almacenamiento norman la calidad e inocuidad en la producción de alimentos.

Por otra parte, la protección de las personas frente a productos de origen transgénico, o de calidad insuficiente, están comprendidos en el capítulo referido a la Inocuidad y Calidad en los Alimentos Importados. De la misma forma, el Estado es garante de la calidad e inocuidad de los alimentos que se exportan desde sus fronteras, y a la protección de tal garantía se dirige el Capítulo IV de este Título IV, referido a la inocuidad y calidad de los alimentos exportados. En cuanto a la operativización de las normas de control contenidas en este título, es indispensable la instalación y expansión de las redes de laboratorios y la vigilancia en la aplicación de los sistemas de rastreabilidad, tal como se encuentra plasmado en el Capítulo V.

El Título V. escrito bajo la denominación: De la Investigación y Educación en Materia Agroalimentaria, determina que la investigación(capítulo I) y educación (capítulo II) en materia agroalimentaria constituyen un indispensable complemento en las relaciones de producción y consumo asociadas a la alimentación humana. De allí que se preste especial atención a estos aspectos mediante la elevación de conceptos como promoción e incentivo de la investigación y la celebración de convenios con organizaciones especializadas que respondan a una intención clara del Estado para propiciar la optimización de la calidad de los alimentos producidos en el país.

Por otra parte, proclama la urgencia de producir cambios en los hábitos y patrones de alimentación de la población, incididos históricamente por culturas foráneas con condiciones económicas, sociales y geográficas disímiles a las de Venezuela. Esto, conjuntamente con las actividades de formación y capacitación y el fomento de la cultura alimentaria, las cuales, devienen como objeto de regulación del mencionado capítulo I. Otra arista de la educación agroalimentaria corresponde a la manipulación de alimentos, lo cual supone el fomento de las buenas prácticas agrícolas y las normas de higiene y la formación noética de las personas en estas especificidades. Todos estos aspectos, tienen relación directa e inmediata con el uso de los agroquímicos y plaguicidas en el país.

Como se ha visto hasta aquí, en Venezuela existe un marco legal firmemente consolidado compuesto por la Constitución de la República Bolivariana de Venezuela, sus Leyes Orgánicas, Leyes Ordinarias, Decretos y Resoluciones, reforzado ampliamente por los Convenios Internacionales que se han firmado y se encuentran vigentes; complementado además por existencia de Instituciones que con obligación de hacer cumplir la normativa con respecto al uso, transporte, almacenamiento, tratamiento, comercialización, entre otros de agroquímicos y plaguicidas. Sin embargo, elementos como:

> ausencia de funcionarios públicos suficientes en los órganos de la administración pública venezolana competentes para la materia, insuficiencia de funcionarios públicos capacitados suficientemente en materia de plaguicidas, atención escasa del Estado venezolano para este problema de salud pública, ánimo de lucro de las casa distribuidoras de plaguicidas con detrimento de las prácticas sanitarias, desconocimiento de riesgos y peligros en el uso de plaguicidas por parte de los usuarios y población en general, desinformación generalizada sobre los plaguicidas

permitidos y no permitidos dentro del territorio nacional. (Ripanti, León y, Zyaklin. 2008. p. 109)

Hacen pensar en la necesidad de implementar la normativa legal y administrativas vigentes en la legislación venezolana para lo cual, se requiere, atacar a fondo las principales causas administrativas y/o de cumplimiento de la función pública que interfiere a la aplicación de normativas vigentes, tarea ésta que debe ser abordada en la teorética praxiológica ambiental desde el enfoque comunitario para la concienciación social sobre el uso de agroquímicos.

MOMENTO III

HORIZONTE EPISTEMOLÓGICO-METODOLÓGICO

Paradigma, tipo de investigación, método

El estudio para construir una teorética praxiológica ambiental desde el enfoque sociocomunitario para la concienciación sobre el uso de agroquímicos en las unidades de producción agrícola familiar en el sector El Guayabo del municipio Achaguas del estado Apure, que contribuya a la generación de escenarios de desarrollo humano en un contexto de sustentabilidad, considera para su elaboración el enfoque epistemológico del paradigma postpositivista (cualitativista-interpretativo), por ser el enfoque donde la abstracción de los conceptos subyacentes en la conciencia del ser humano se imbrican desde las significaciones, motivaciones, aspiraciones, actitudes, creencias y valores que se manifiestan mediante la oralidad-comunicativa (lenguaje) y, el vivir, convivir y pervivir diario de los actores sociales, para constituir las categorías de análisis e interpretación en la realidad abordada.

Sobre el paradigma postpositivista Rondón (2018), indica "...en este nuevo siglo XXI, se están efectuando estudios postpositivistas con la finalidad de acercarse a la compresión y análisis del comportamiento dinámico del individuo dentro de las organizaciones" (p. 79), con lo cual da a entender que a través de la aplicación de métodos humanistas y procesos intervinientes tanto internos como externos, la realidad es vista como un todo obteniéndose los máximos niveles compresivos del hombre dentro de la sociedad. Vale decir, el paradigma postpositivista, representa una aproximación al cambio de paradigma investigativo del área del conocimiento científico, en el que la nueva dinámica de la globalización ha originado nuevos campos de investigación en las ciencias sociales.

Por inscribirse en este paradigma, el estudio para construir la teorética praxiológica ambiental desde el enfoque sociocomunitario para la concienciación sobre el uso de agroquímicos en las unidades de producción agrícola familiar en el sector El Guayabo del municipio Achaguas del estado Apure, corresponde a una investigación de tipo cualitativa, la cual, según Angulo (2012),

> se basa en métodos de recolección de datos sin medición numérica, como las descripciones y las observaciones. Por lo regular, las preguntas e hipótesis surgen como parte del proceso de investigación y éste es flexible, y se mueve entre los eventos y su interpretación, entre las respuestas y el desarrollo de la teoría. Su propósito consiste en "reconstruir" la realidad, tal y como la observan actores de un sistema social previamente definido. (p. 111)

Se asume entonces que la metodología cualitativa se selecciona cuando se busca comprender la perspectiva de los actores sociales, ya sean individuos o grupos de personas a los que se investigara, acerca de los fenómenos que los rodean, tomando como sendero el profundizar en sus experiencias, perspectivas, opiniones y significados. Se quiere decir, decir, la forma en que los participantes perciben subjetivamente su realidad. Igualmente se tiene que "...es recomendable seleccionar el enfoque cualitativo cuando el tema del estudio ha sido poco explorado, o no se ha hecho investigación al respecto en algún grupo social específico, el proceso cualitativo inicia con la idea de investigación" (Angulo. 2012. p. 111)

En tal sentido, resulta necesaria la comprensión que toda investigación de tipo cualitativa ha de centrarse en el análisis sistémico de las experiencias cotidianas de los sujetos que constituyen el elemento humano dentro de una realidad biodiversa. De allí que esta metodología permita comprender la complejidad de los fenómenos naturales y culturales que se presentan en la realidad. Al respecto, Tamayo y Tamayo (2010) exponen que se trata de estudiar,"...la experiencia vivida desde el punto de vista de las personas que la viven". (p. 59). Así las cosas, la investigación cualitativa, enfatiza en la comprensión del significado que el ser humano le atribuye a cada circunstancia, hecho, vivencia, evento o fenómeno, independientemente de que su orden sea biológico, psicológico, social, cultural, natural (ambiental) o ergológico. En tal sentido, se asume que el propósito central de quien investiga no es otro que interpretar y construir significados devenidos de las subjetividades de los congéneres humanos a partir de sus experiencias en el contexto de la realidad circundante.

Cuando se aplica la metodología cualitativa, se establece una relación ineludible con las perspectivas socio-económica-ambiental-cultural y espiritual de las personas en los estudios sociocomunitarios, en cuanto a lo que representa el significado y la acción, teniendo uno de sus fundamentos paradigmáticos en procesos praxiológicos ambientales. En este sentido, el autor ha optado por esta metodología, dado el interés que le asiste por comprender un fenómeno social específico formado por las dimensiones: praxiología social; concienciación de las comunidades y, uso de agroquímicos y plaguicidas. En ese orden y dirección, considera el autor a la metodología cualitativa como la más idónea, porque con ella, se enfatiza en la comprensión amplia y profunda de los hechos.

Dentro de esa postura, se ha optado por el empleo del método fenomenológico, apoyado en el método hermenéutico, por ser este el que permite el abordaje de la realidad con un enfoque metodológico, mediante el cual, se puede acercar a la comprensión de los acontecimientos sociales, permitiendo "... interpretar las perspectivas de los propios sujetos con quienes realizamos la investigación y para quienes la realizamos, siempre buscando producir algún cambio (sea en salud, educación, formas de trabajo, etc.)" (Schettini y Cortazzo. 2018. p. 6). Al mismo tiempo, la fenomenología se asume como filosofía, ya que filosofía-método hacen la dualidad conceptual orientadora de la presente investigación para responder a las incertidumbres que subyacen en los fenómenos vividos por los actores sociales (en este caso: los habitantes del sector El Guayabo) cuando interactúan en el proceso productivo, como experiencia vital del día a día. La metódica constituida por el método fenomenológico hace que se cumpla con las siguientes fases:

Primera fase. Etapa previa o clarificación de presupuestos: aquí, basado en la libertad de prejuicios, se dio tratamiento a la situación contextualizada considerando la probabilidad de que la información, pudiera estar contaminada por elementos como la tradición, religión, códigos éticos y la cultura misma que conforman el mundo preconcebido de los actores informantes. A pesar de ello, el autor, realizó ejercicio noético para liberarse de estos y no afectar lo que, con buena voluntad, pudo resultar ser transparente. En este orden y dirección, el autor, procuró ser aséptico y crítico, sin relegar la información teórica previa, pero prefiriendo prescindir de aceptarla "per se" para obtener la libertad de pensamiento. Sobre este particular, Martínez (2004) hizo alusión al descenso de las teorías como una epogé metodológicamente habilidosa, que se cumple en esta etapa.

Se quiere decir, en esta fase se buscó establecer los presupuestos o categorías apriorísticas desde los cuales partió el autor reconociendo que podrían intervenir sobre el tema indagado. Del mismo modo, se mostraron las concepciones teóricas sobre las cuales se fue estructurando el contexto teórico-referencial-conceptual que orientó la producción doctoral, así como los sistemas referenciales, espacio-temporales y sociológicos (escenario, informantes clave) que tengan relación con los datos obtenidos de la realidad en estudio. Ello se realizó por medio de las respuestas que a las cuestiones postuladas sobre las actitudes, valores, creencias, presentimientos, conjeturas, interés, otros, mostraron los actores informantes en relación a la investigación con el propósito de evitar la presencia de estas en la interpretación de las experiencias.

Segunda fase: Recoger la experiencia vivida: fue la etapa descriptiva, del proceso investigativo, pues aquí, se obtuvieron testimonios y filiaciones de la experiencia vivida desde las diversas fuentes: relatos de la experiencia personal de los actores, protocolos de la experiencia de algunos actores en cuanto al uso de agroquímicos, entrevistas, relatos autobiográficos y observación-descripción para documentar. También en esta fase, se otorgó apertura a la investigación con la escritura de anécdotas, una herramienta metodológica usual cuando se trabaja con fenomenología y hermeneusis.

Al respecto, se considera la postura de Van Manen (2003) quien encomendó que "...antes de solicitar a otros que nos brinden una descripción sobre un fenómeno a explorar, tendríamos que intentar hacer una primera nosotros, para poseer una percepción más puntual de lo que pretendemos obtener" (p. 82), para ello, el autor ha redactado su experiencia (anécdota personal) tal como la ha vivido, respecto a la propia exploración (noción) de investigación.

Según Van Manen (2003), "la anécdota simboliza a una de las herramientas con la cual se pone al descubierto los significados ocultos" (p. 132), por lo que se le puede concebir como herramienta metodológica en las ciencias humanas para comprender cierta noción que fácilmente pudiera escaparse. Por ello, se procedió a recoger las anécdotas de los actores informantes. Cabe señalar que para solicitar la anécdota de los informantes clave, el autor se ha respaldado en los planteamientos de Van Manen (2003, p.83) quien señala que:

> para acceder a las experiencias de las personas, se les solicita que narren sobre una experiencia propia. En ese sentido, las anécdotas conducen a buscar la relación entre vivir y pensar, entre situación y reflexión. Además, estas narraciones resultan significativas para la praxiología por el funcionamiento como casos vivenciales, que permiten llevar a cabo una reflexión pedagógica (p.137).

Se quiere decir que durante esta segunda etapa, se pretende describir de la manera más completa y no prejuiciosa la realidad en estudio. Al respecto, Martínez (2008) señaló que en esta etapa tiene que quedar reflejada de manera auténtica la realidad vivida por cada uno de los sujetos investigados.

Tercera fase: Reflexionar acerca de la experiencia vivida o etapa estructural: En esta fase, el propósito radica en intentar aprehender el significado esencial de algo. La reflexión fenomenológica es a la vez fácil y difícil. Es fácil debido a que examinar el significado o la esencia de un fenómeno es un proceso ejecutado constantemente en la vida cotidiana. Para Husserl (1980), cuando se percibe a un actor social, no solo se observa un hombre o una mujer. Se ve a un individuo diferente de los demás específicamente en ese aspecto que conlleva a hablar de él. En otras palabras, cualquier persona como el resto del mundo, tiene un concepto de actor social (en este caso un agricultor), pero lo que resulta complicado es llegar a una determinación y explicación reflexiva de lo que "es un actor". Según Van Manen (1999), esta búsqueda del significado es la tarea más dificultosa de la reflexión fenomenológica.

En esta fase, se trata de efectuar un contacto más directo con la experiencia tal como se ha vivido. Se pretende captar el significado del hecho de ser profesor, madre o padre, para poder vivir mi vida pedagógica con los educandos de modo pleno. Por ende, cuando reflexiono sobre la experiencia de enseñar, no lo hago como psicólogo ni sociólogo, etc. Por lo contrario, Van Manen (1999) enfatizó en la siguiente frase: "Reflexiono fenomenológicamente acerca de las experiencias de ser profesor o ser padre en tanto que profesor o padre. En resumen: intento captar la esencia pedagógica de una determinada experiencia" (p. 96).

Para llevar a cabo la reflexión fenomenológica, es importante poseer claridad que la investigación en ciencias humanas es el tema; cuyo concepto se comprende analizando su carácter metodológico y filosófico, recuentemente, el análisis del tema es entendido como una aplicación poco confusa y demasiado mecánica de algún método de cálculo de frecuencias o codificación de términos seleccionados en transcripciones o textos, o algún otro desglose del contenido del material de protocolo o documental. En base a estas aplicaciones, existen en la actualidad programas informáticos que realizan el análisis temático para el investigador.

Van Manen (1999) indicó que el concepto de tema resulta irrelevante y puede ser considerado simplemente un medio para llegar a la noción que se está estudiando. La investigación en ciencias humanas se hace cargo del significado, puesto que el "ser humano" significa interesarse por el significado, desear el significado. El deseo se refiere a cierta atención y profundo interés por un aspecto de la vida. Por ejemplo, cuando se percibe la conducta de un niño que provocaba curiosidad, se experimenta ese "deseo de dar sentido", este "deseo de lograr un significado". El deseo no es únicamente un estado psicológico, es un estado del ser.

Los temas vendrían a ser como las "estructura de las experiencias", pues cuando se analiza un fenómeno, se pretende establecer cuáles son los temas, las estructuras experienciales que conforman la experiencia. Sería un error pensar en los temas como en formulaciones conceptuales o afirmaciones categóricas, debido a que es la experiencia vivida lo que se intenta describir y esta no se puede captar en abstracciones conceptuales. Vale decir, el significado fenomenológico.

De acuerdo con lo afirmado por Van Manen (1999), el significado está en la práctica, en el hecho de reflexionar acerca de situaciones concretas: los niños; las vidas de los adultos con los niños que llevan a plantearse cuestiones más reflexivas. La pregunta ¿lo he hecho bien? conlleva al ser humano a enfrentarse con lo "particular", es decir, un niño, está en una situación, una acción, siguiendo la orientación que otorga el propio conocimiento de lo universal; por ello la pregunta ¿cuál es el significado aquí de la praxiología comunitaria?

Tal situación, constriñe al investigador a destapar aspectos temáticos, ya que los temas fenomenológicos vienen a ser nudos en los entramados de las experiencias propias y en torno a ellos se van hilando ciertas experiencias vividas como un todo significativo. Los temas gozan poder cuando admiten llevar a cabo descripciones fenomenológicas. Por ejemplo, 1) cuando se examina un libro, "el lector entra en él", por así decirlo. 2) Leer una novela significa que "el lector empieza a interesarse" por los personajes que la componen. 3) Mientras se analiza una historia, " se experimenta la acción sin tener que actuar".

Así las cosas, la comprensión de la experiencia de elaborar significados de un mismo hecho, constituyen una reflexión macro-temática de los significados esenciales de la experiencia. En este sentido, aspectos como la reflexión e interpretación del material experiencial o elaboración del material experiencial informan que en este instante, es prioritario gran tolerancia a la ambigüedad y a la contradicción; resistencia a la necesidad de otorgar sentido a todo y oposición a la precipitación por categorizar las cosas de acuerdo con los esquemas conocidos. De allí que se deba dejar de lado todo aquello que no surja de la descripción protocolar, pues, “De otra manera, no veremos más de lo que ya sabemos y no haremos más que confirmarnos en nuestras viejas ideas y aun en nuestros propios prejuicios” (Martínez. 2014 p. 74).

En el mismo orden y dirección, la aproximación holística o sentenciosa o descripción de cada protocolo, representa el momento en que se procura “...estar atentos a los textos como un conjunto y nos cuestionamos qué frase podría englobar el significado esencial del texto como un todo (Van Manen, 1999. p. 106). Es entonces, cuando se procura expresar ese significado formulando tal frase. En sí, el objeto es realizar una visión de conjunto para conseguir una idea general del contenido que se presenta en el protocolo, ya que según Martínez (2014), “...será prioritario ejecutar un sin número de revisiones del mismo protocolo y para ello, es imprescindible intentar realizarlas con la "mente en blanco", conseguido ello se puede ir al siguiente paso” (p. 76).

Expresar el significado fundamental de un texto es apelar al discernimiento, dado que diferentes lectores pueden estimar disimiles significados fundamentales, sin que ello indique que una interpretación sea mejor que la otra, pero sí que existen más posibilidades de equivocarse o percibir estos como idiosincrásicos, es en ese espectro donde se debe tener mucho cuidado con los prejuicios del investigador, en tanto, la reflexión micro temática de los significados esenciales de la experiencia se instituye cual conjunto de frases que obtendrán significados fundamentales de la experiencia.

De lo anterior se desprende, el proceso noético de aproximación selectiva o de marcaje a la lectura, donde se escucha o se lee un texto un número de veces y se cuestiona la interpretación a partir de preguntarse, ¿Qué frase o frases se consideran especialmente fundamentales o reveladoras acerca del fenómeno o la experiencia que se está describiendo? Estas serán las que el investigador rodeará en círculo y recalcara, para establecer la delimitación de unidades temáticas naturales o aproximación detallada línea a línea.

Para Martínez (2014), la delimitación de unidades temáticas naturales representa la fisonomía individual en la aproximación de lectura detallada, mediante la cual, se analiza cada frase o cada grupo de estas, surgiendo la pregunta "¿Qué revela esta frase o este grupo de frases acerca del fenómeno o la experiencia que se describe?" (Manen, 2003. p. 107). De allí que el investigador, deba leer atentamente cada frase o cada grupo de estas, para luego preguntarse qué es lo que parece revelar cada una de las frases o los grupos de estas acerca de la naturaleza del hecho y, finalmente, elegir las unidades temáticas, a sabiendas que una experiencia puede tener pocas o muchas unidades temáticas, esto dependerá de su naturaleza.

El procedimiento precedido, es complementado por la determinación del tema central que domina cada unidad temática. En este proceso, se llevan a cabo dos pasos: en primer lugar, se eliminan las redundancias y repeticiones de cada unidad temática; en segundo orden, se determina el tema central de cada unidad aclarando y elaborando su significado. La expresión del tema central debe realizarse en una frase breve que conserva todavía el lenguaje del sujeto, esta actividad es eminentemente creativa y como lo sugiere. (Martínez, 2014) "Se aconseja recurrir de vez en cuando al mismo sujeto informante para que aclare el significado" (p. 79)

De continuidad imperativa, es hacer la expresión del tema central en lenguaje científico. Esto es, que el investigador reflexiona acerca de los temas centrales y expresa su contenido en el lenguaje técnico-científico apropiado. Para ello, en el presente caso, el autor se ha interrogado sobre cada tema central (praxiología, uso de agroquímicos, enfoque comunitario), qué es lo que le permitió revelar sobre el tema que se investigó. En esa situación y para ese actor social y la respuesta se expresa en lenguaje científico (psicológico, pedagógico, sociológico, otro). Así las cosas, aquí se pudo consultar diversas fuentes para respaldar el tema. Estos tres últimos pasos fueron trabajados en la matriz multinavicular para ver la coherencia.

Luego se trabajó la Integración de todos los temas centrales en una estructura particular (estructuración). Este paso constituyó la parte central e importante de la investigación en la que se ha develado las estructuras básicas del fenómeno investigado. Dicha estructura compone la fisonomía individual que permite distinguir al actor social de todos los demás. En tal sentido, todos los temas centrales de cada unidad temática fueron integrados en un tema central (la realidad encontrada) que identifica los actores sociales respecto a la esencia de la experiencia vivida.

Cuarta fase: Escribir-reflexionar acerca de la experiencia vivida: aquí se integraron todas las estructuras particulares que componen la estructura general. La finalidad de este paso fue integrar en una sola descripción todas las fisonomías individuales de todos informantes clave, con ello se determinó la fisonomía grupal, es decir, la estructura que caracteriza al grupo estudiado (los habitantes del sector El Guayabo). La formación consistió en una descripción sintética y completa del fenómeno investigado. Dicha descripción consistió en superponer, por así decirlo, la estructura de cada fisonomía individual en una estructura general, lo cual representa la fisonomía común del grupo de informantes. Sobre este particular, cabe señalar que Husserl afirma que la finalidad del método fenomenológico es lograr pasar de las cosas singulares al ser universal, una descripción fenomenológica completa.

Para Van Manen (1999), este proceso se denomina texto fenomenológico. El objetivo es "...diseñar una descripción (textual) inspiradora y recordatoria de acciones, conductas, intenciones y experiencias de los individuos tal como las conocemos en el mundo de la vida" (p.137). En tal sentido, se ha procurado que el texto elaborado enuncie, a la vez, el significado de tipo expositivo y no cognitivo. Se quiere decir que en el primer caso, ha hecho referencia a las significaciones semánticas de las palabras y discursos del habla y escritura; y, en el segundo, a la cualidad expresiva de los textos. En esta dimensión, no cognitiva o pática se informó el empleo del lenguaje formal: al "ad litteram" tal cual cómo se ha escrito.

En consecuencia, como el estudio, se ha desarrollado en el texto fenomenológico, se ha procurado llevar al lector a experimentar una forma de "epifanía" del significado otorgado por los actores informantes. Es decir, se ha buscado que el texto provoque:

> un efecto transformativo de modo que su significado más profundo produzca una evocación gratificante al yo del lector. Epifanía hace referencia a la súbita percepción de una comprensión intuitiva del significado vivido de algo. Esta experiencia es tan significativa que consigue conmovernos en el núcleo de nuestro ser" (Ayala, 1997. p. 131).

Adicionado a lo anterior, en esta fase se llevó a cabo la revisión de fuentes fenomenológicas o confrontación del trabajo realizado con otros estudios del mismo enfoque. En esta confrontación, se encontró coincidencias y no coincidencias con las reflexiones del autor. Con todo, el texto producido y la comprensión final sobre la experiencia de ofrecer y recibir reconocimiento epistemológico se ha enriquecido al entrar en diálogo con una descripción fenomenológica relevante en cuanto a los elementos que sustentan el argumento procedente de la teorética praxiológica ambiental desde el enfoque sociocomunitario para la concienciación en el uso de agroquímico.

En consecuencia, al cumplir estas fases el autor ha buscado revelaciones sobre las relaciones que se dan entre los fenómenos producidos en la conciencia de los actores informantes, por ser estas, "...parte de su experiencia humana y describirlos tal como fueron vividos por ellos, pues, es a través de esta experiencia como se tiene la conciencia de ser en el mundo" (Rusque. 1999. p. 21). En el mismo orden de ideas, se intentará comprender e interpretar qué significado tiene para los actores sociales conceptos como: derechos ambientales, y concienciación social, en cuanto a la formación de comportamientos resilientes frente a los problemas socio-económicos-ambientales producidos el uso de agroquímicos y plaguicidas a partir de su propia experiencia.

Al comprender e interpretar dichos significados, se elaboran representaciones de conceptos propios del abordaje fenomenológico. Por una parte, con la interpretación, se persigue desvelar la noema de individuo, aprehendiendo sus manifestaciones, sus vivencias y de sus experiencias, que en el presente caso será: la visión de los actores sociales del sector El Guayabo con relación al uso de agroquímicos en las unidades de producción agrícola familiar y el grado interés que tienen grado interés que tienen los habitantes del sector El Guayabo, para qué desde el enfoque sociocomunitario se promocione la concienciación de las familias en cuanto al uso racional de agroquímicos y, los postulados que creen deban ser establecidos para la praxis de soluciones resilientes a los de problemas socio-económicos-ambientales.

De lo anterior se desprende el supuesto que la comprensión es "el acto por el cual se aprende lo psíquico a través de sus múltiples exteriorizaciones" (Sánchez. 2000. p. 17). En tanto, representa "...reconstruir una totalidad en cuyo seno se determina el significado de cada una de las partes." (Ferrater. 2001. p. 28). De esa reconstrucción, deviene todo intento por alcanzar "...la captación de las relaciones internas y profundas, mediante la penetración en su intimidad para ser entendida desde adentro, en su novedad respetando la originalidad y la individualidad de los fenómenos." (Martínez-Miguelez. 1999. p. 55).

Por otra parte, la interpretación, como pieza esencial del proceso hermenéutico "...no es un acto complementario ni posterior a la comprensión, sino que comprender es siempre interpretación y ésta es la forma explícita de la comprensión." (Martínez-Miguelez. 1999. p. 56). Por tal razón "...la interpretación es una tarea de la comprensión vinculada intrínsecamente al simbolismo y dirigida a descifrar el sentido que la persona les da a sus vivencias" (Zambrano y Román. 2005. p. 42). En otras palabras, pero sin solapar el concepto, se puede afirmar que la interpretación se "fundamenta en: evaluaciones, comprobaciones y observaciones guiadas por la lógica" (Zambrano y Román. 2005. p. 42).

Lo planteado hasta aquí; permite referir que los procesos de comprensión e interpretación "...deben ser sometidas (sic) a la lógica y no solamente a una vivencia espontánea del investigador" (Rusque. 1999. p. 33). En tal sentido: la comprensión es concebida como acto noético, exclusivo de los seres humanos, realizado para "descifrar o traducir un texto, en el que hay una mediación entre dos mundos del espíritu". (Maceiras y Trebolles. 2015. p. 31). Es decir, hay la existencia innegable de un dinamismo intenso de intercambio entre el actor informante y el autor de la presente investigación. Así las cosas, la interpretación se asume como proceso que lleva a la "...comprensión realizada conforme a las reglas del arte, de las manifestaciones de la vida fijadas por escrito" (Maceiras y Trebolles. 2015. p. 31).

Para Rusque (1999) "El nivel interpretativo se hace en base a la descripción particular dada por el sujeto, cuya finalidad es guiar la lectura permitiendo la ubicación en el modelo o concepto que se pretende interpretar" (p. 34) siendo esta una acertada manera de hacer la definición conceptual, al señalar que esta es "la etapa de la búsqueda sistemática y reflexiva de la información obtenida y constituye uno de los momentos más importantes de la investigación" (p. 34. ob. cit).

Recolección de información

La recogida de información, se realizó mediante la entrevista en profundidad, asumida como la técnica central del trabajo de campo. Esta técnica, Benney y Hughes (1970) la definen como "la herramienta de excavar para adquirir los conocimientos necesarios sobre el objeto de estudio" (p. 100), por tanto, el autor apeló a la formulación de entrevistas para acercarse a los actores informantes. La entrevista se aplicó durante encuentros personales y presenciales ("face to face") donde participaron interactuado el informante clave y el investigador.

Obviamente, los encuentros entre el investigador y los actores informantes fueron previamente acordados. En el desarrollo de las reuniones para interactuar con los informantes clave se realizaron también grabaciones y se tomó fotografías, haciendo énfasis en la grabación de audio y el registro escrito. Estos aspectos son de una relevancia significativa, dado que se han erigido como orientadores contextuales de las significaciones que arrojó la experiencia de los actores informantes en cuanto a la realidad para poder construir la teorética praxiológica ambiental desde el enfoque comunitario para la concienciación social sobre el uso de agroquímicos.

Leal (2005), acepta sin contraposiciones que la entrevista en profundidad es: "...uno de los medios para acceder al conocimiento, las creencias, los rituales, la vida de la sociedad o cultura, con el fin de obtener datos desde el propio lenguaje de los sujetos" (p. 26). Así las cosas, en la presente investigación, se analizaron con la profundidad debida, el lenguaje y la actitud de los actores informantes en el propósito de indagar desde sus discursos los significados de la realidad que se ha abordado y contextualizado como situación problemática. En consecuencia, tal como lo expresa Leal (2005) la entrevista en profundidad permitió "acercarse a las ideas, creencias, significados que las personas les atribuyen a los objetos o a las experiencias que han vivido" (p. 26).

Escenario de investigación

El escenario "...es el lugar en el que el estudio se va a realizar, así como el acceso al mismo, las características de los participantes y los recursos disponibles que han sido determinados para la investigación" (López. 1999. p. 1) Para el caso que aquí ocupa es, el sector El Guayabo, localidad, del municipio de Achaguas en el estado Apure de 1050 habitantes ubicado aproximadamente a 52,64 Kms de la población de Achaguas capital del municipio homónimo y 62,92 Kms de Mantecal (municipio Muñoz) en el estado Apure. Su ubicación geográfica es a setenta y dos metros sobre el nivel del mar (72 m.s.n.m), Siendo sus coordenadas latitud 7°; 53'; 60", longitud -68°; 41'; 7". La actividad económica predominante es la agrícola y ganadera, además de la pesquera en forma artesanal. Este lugar constituye el ahí donde se ha contextualizado la situación problema que motivó la inquietud investigativa del autor. El mismo se identifica de seguida en el gráfico 2.

Grafico 2. Mapa Satelital del Sector El Guayabo, municipio Achaguas, estado Apure, Venezuela.
Fuente: https://bit.ly/2G9h5qg (2020)

Técnicas para el ordenamiento, análisis e interpretación de la información

Categorización

Una vez que se llevó a cabo los procedimientos señalados para la recolección de la información en la fase de campo del estudio, el autor procedió aplicar la técnica de categorización de la información, realizando para ello, un sumergimiento analítico en la información cualitativa recogida, de tal manera que se pudiera obtener una visión integral del fenómeno para garantizar un adecuado proceso de categorización, pues, según lo que expresa Martínez (1998)

> categorizar o clasificar las partes, en relación con el todo, consiste en la aparición de símbolos verbales (categorías) en nuestra conciencia, los cuales cristalizan o condensan el contenido de la vivencia, lo cual va a permitir describir categorías o clases significativas, de ir constantemente diseñando y rediseñando, integrando y reintegrando el todo y las partes, a medida que se revisa el material y va emergiendo el significado de cada sector, evento, hecho o dato (p. 67)

Estructuración

Posterior al proceso de categorización, se realizó la estructuración de la información, está según Martínez (2014), consiste en ilustrar "...el procedimiento y el producto de la verdadera investigación, es decir, cómo se produce la estructura o síntesis teórica de todo el trabajo y, también, cómo se evalúa" (p. 111). Sobre este particular, vale aclarar que en el mundo de la ciencia, las técnicas de manipulación de información o datos han crecido, a la vez que se han vuelto más complejas y rigurosamente muy refinadas; pero, como lo señala Martínez (2014) "...paradójicamente, nuestros esquemas de interpretación, que son los que proveen a los datos de sentido, apenas han sido cultivados y, mucho menos, estructurados eficazmente" (p. 111).

Tal circunstancia de orden metodológico ha conllevado a que el autor una vez establecidas y organizadas las categorías y propiedades que se determinaron como las más adecuadas, haya procedido a realizar un proceso de estructuración con elementos que han aportado simientes en descriptivas, alcanzadas en tres niveles, llegando así, al punto culminante del trabajo. Estos niveles, bajo ninguna circunstancia han resultado ni total ni parcialmente excluyentes entre sí, sino que se han entramado para de acuerdo con la actividad prevalente que los constituye aportar, primero, la descripción normal, segundo, la descripción endógena, y tercero, la teorización originaria para generar el argumento procedente.

El proceso de estructuración, se ha desarrollado empleando la técnica holográfica, con la cual, se puede construir un razonamiento que va reconstruyendo un suceso noético intersubjetivo de forma resumida, valiéndose de los elementos más significativos que se han desprendido del discurso de los actores informantes con relación a un tema en particular. En otras palabras, el proceso de estructuración en el presente trabajo, permitió al autor realizar el resumen de las condiciones, circunstancias y emociones que se informan desde el discurso de los actores sociales.

Triangulación

Después de llevarse a cabo el proceso de estructuración de la información, el autor realizó el proceso de triangulación. Este proceso, según Leal. (2005) "...consiste en determinar ciertas intersecciones o coincidencias a partir de diferentes apreciaciones y fuentes informativas o varios puntos de vista de varios fenómenos (p. 39). Permitiendo, "...integrar y contrastar toda la información disponible para construir una visión global, exhaustiva y detallada de cada experiencia particular." (Rodríguez. *et al.* 1996. p. 48). De allí, que una vez obtenida la información relevante de la realidad desde la óptica de los actores informantes, se llevó a cabo el proceso de contrastación, con el cual, se llegó a la interpretación de los significados develados.

Informantes clave

Las interactuaciones de la investigación, el autor las realizó con los habitantes del sector El Guayabo del municipio Achaguas del estado Apure, estos son los actores informantes, representados por cinco jefes de familia cuya actividad laboral esté relacionada con la producción agrícola y que hayan tenido experiencias ligadas al uso de pesticidas. Los informantes claves según Martínez (1996) son "personas con conocimientos especiales, status y buena capacidad de información" (p.56). De allí que el autor deba cuidar, al hacer la selección, para que dichos informantes representen lo mejor posible la comunidad estudiada. En este sentido, con los cinco individuos seleccionados se puede representar lo que el autor se ha fijado como propósito.

Fiabilidad y Credibilidad

Sobre los conceptos de fiabilidad y credibilidad, Calvo (2014) señala que "...son los dos principios básicos del Método Científico. Su complementariedad constituye lo que el científico y el filósofo denominan prueba científica" (p. 1) Por tanto, resulta obvio que las actividades desarrolladas durante el estudio, se hayan revestido de la rigurosidad metodológica necesaria para otorgar la cualidad de "prueba científica" ya que la información producida de ellas devienen de fuentes primarias y secundarias que les otorgan la condición de ser fiable y creíble.

En tal sentido, siendo los actores informantes fuentes primarias que proveen información mediante una narración personal de una experiencia exclusiva específica, ligada a diversas épocas, sucesos o condiciones determinados, los hallazgos se deben considerar validos dado que devienen de un proceso intelectivo de investigación, creación y/o desarrollo. En consecuencia, el análisis de los contenidos producidos por los actores informantes, constituyen la forma de abordar la investigación como complemento metodológico que permite obtener conocimiento de manera precisa y efectiva. Luego, la sistematización de la información ha conducido a la construcción de una teorización, en la cual se llegó en la medida que el autor se apropió del conocimiento

MOMENTO IV

EL DISCURSO DE LOS INFORMANTES CLAVE, EL TRATAMIENTO HERMENÉUTICO Y LOS HALLAZGOS

En este aparte, el autor procede a presentar los hallazgos que la información arrojada de las entrevistas hechas, aportan al argumento procedente y que llevan a la teorización necesaria para construir la teorética praxiológica ambiental desde el enfoque sociocomunitario para la concienciación sobre el uso de agroquímicos. Las entrevistas realizadas a cinco (05) jefes de familia productores agrícolas del sector El Guayabo del municipio Achaguas del estado Apure. (Informantes clave), se realizaron con fundamento en las preguntas formuladas en el guion de entrevista previamente elaborado, las cuales, se estandarizaron, a los efectos de adaptarlas al perfil personal de cada uno de los entrevistados.

Al respecto, a continuación se presenta la información, cuyo análisis se fundamenta en la Teoría Fundamentada, la cual, según Mead y Dewey (Citados por Hernández et al. 2010) "...se basa en la comprensión de la sociedad a través de la comunicación" (p. 4). De allí que tal ejercicio, represente que quien investiga, deba producir teoremas, a partir del análisis de las interactuaciones discursivas desprendidas de su relación con los actores sociales. En este sentido, el procedimiento llevado a cabo, permitió la realización de las descripciones que han cimentado la interpretación y significado, que llevó a los hallazgos del estudio.

Las investigaciones bajo el enfoque cualitativo, obligan a analizar para la articulación y estructuración de la información exhalada desde la interactuación con los actores informantes para hacer posible la elaboración de descripciones a partir de las experiencias de las personas. Esto es, analizar sus perspectivas, su conocimiento de los temas abordados en la interactuación y que están directamente relacionados con lo que se indaga, sus categorías lexicales y vocabulario, su forma de actuar en la realidad que se indagada y su identificación como parte de ella. En ese sentido, en el proceso de interactuación, el autor avanzó interpretando y valorando cada los elementos susceptibles de ser observados en cada uno de los informantes clave.

Para lograr lo anterior, se ha desarrollado una descripción narrativa (Categorización), que se sustenta en las categorías emergentes y subcategorías, las cuales, han conducido a la posterior realización de los procesos de Estructuración y Triangulación, desde donde se ha establecido relaciones y se han contrastado los hallazgos con la naturaleza del fenómeno, la contextualización de la situación problemática y el marco teórico de la producción doctoral, de tal manera que fuera posible la integración de los conceptos y presupuestos cognitivos contenidos en los hallazgos para analizar situaciones futuras que entrañen interés al tema. De ello, se desprendió el diseño del soporte grafico que se presenta más adelante. .

Los planteamientos precedidos, permiten deducir que la información obtenida informa como resultado, la existencia de un panorama de la situación actual en cuanto a las conceptualizaciones referidas la concienciación sobre el uso de agroquímicos, en el sector El Guayabo del municipio Achaguas del estado Apure.. Consecuentemente, esto implica: primero, la revisión de todo el material original, con lo cual se inició, la secuencia analítica; segundo, la transcripción de las entrevistas realizadas en cada encuentro con los informantes clave, en esta parte, el autor se apoyó en las tecnologías de información y comunicación, instrumentos estos que facilitaron entre otras cosas: la toma de notas, la transcripción de las grabaciones de audio y video y, la producción de los archivos virtuales con la información del trabajo.

En tercer orden, ha procedido el autor hacer re-lectura de los textos parciales contentivos de las respuestas de los entrevistados, de donde se desprendió información que una vez procesada, se contrastó con los registros escritos originales copiados en el cuestionario de guion de entrevista, con las grabaciones de audio y/o video, con el propósito de alcanzar fidelidad y exactitud entre el documento transcrito y la información emanada de la fuente original (Informantes clave), todo esto, a los efectos de nuevamente dar sentido general a la información a partir de lo que resultare relevante. En cuarto y final orden de este proceso, la información fue organizada en dependencia a las categorías emergentes y las subcategorías que se desprendieron de los discursos de los informantes clave.

En la búsqueda de lograr una mejor comprensión del material analizado, el autor codificó la información en cuadros multiedrales y gráficos esquemáticos, permitiéndose con ello, la realización de una descripción ilustrativa de la realidad sometida a indagación. Al mismo tiempo, se estructuró la síntesis y se descartó la información considerada irrelevante, produciendo de esta manera la redacción sucinta de las nociones más significativas. Con relación a la codificación, la misma se realizó formulando diversos niveles, siendo que en el primero, los temas vocativos se categorizaron en una matrices de triple entrada, contentiva de las preguntas del guión de entrevista, las respuestas de los informantes clave, así como las categorías y subcategorías generadas por la información suministrada por los actores informantes. .

El segundo nivel, estableció la comparación de las categorías emergentes y subcategorías, lo que permitió agruparles para buscar la vinculación entre ellas, mediante el proceso de estructuración, en el cual, se ha puntualizado los significados totales o parciales que subyacen en cada categorías, siendo que en este sentido, se puede identificar similitudes desemejanzas y, cualquiera otra relación entre las categorías. En este orden y dirección, siempre ha estado presente en esta fase el deseo y esfuerzo riguroso del autor para alcanzar la integración de las categorías, partiendo de su caracterización y su particularidad, para obtener categorías conceptualmente más amplias.

La interpretación de la información generada desde el análisis cualitativo, ha sido de gran importancia, ya que conocer en detalle cada una de las categorías y ubicarlas en armonía con la situación contextualizada como problemática en cuanto a la teorética praxiológica ambiental desde el enfoque comunitario para la concienciación social sobre el uso de agroquímicos; permitió analizar el significado que las categorías tienes para los actores informantes. Esto se explica, al observarse la prevalencia con que las categorías y subcategorías van apareciendo en los materiales que se analizan y que lleva al hallazgo de vínculos, nexos y asociaciones con las otras categorías, permitiendo determinar, hasta donde las categorías que emergen son de carácter temporal, causal o circunstancial.

La descripción anterior, ha permitido entonces desplazarse hacia proceso de triangulación, el cual, consistió en; primero contrastar la información aportada por los informantes clave relacionándole con la teoría que ha dovelado el contexto referencial-teórico-conceptual y epistemológico del estudio, así como con la observación realizada por el autor. De este proceso de contrastación, se redacta una síntesis integrativa, cuya elaboración está fundamentada en el análisis interpretativo de la realidad encontrada. De seguida, se presentan en apartes subordinados los procesos de categorización de informantes clave en matrices; la estructuración general de categorías y subcategorías en diagramas gráficos y, la triangulación de técnicas en cuadros que facilitan la lectura de la estructura central de los hallazgos.

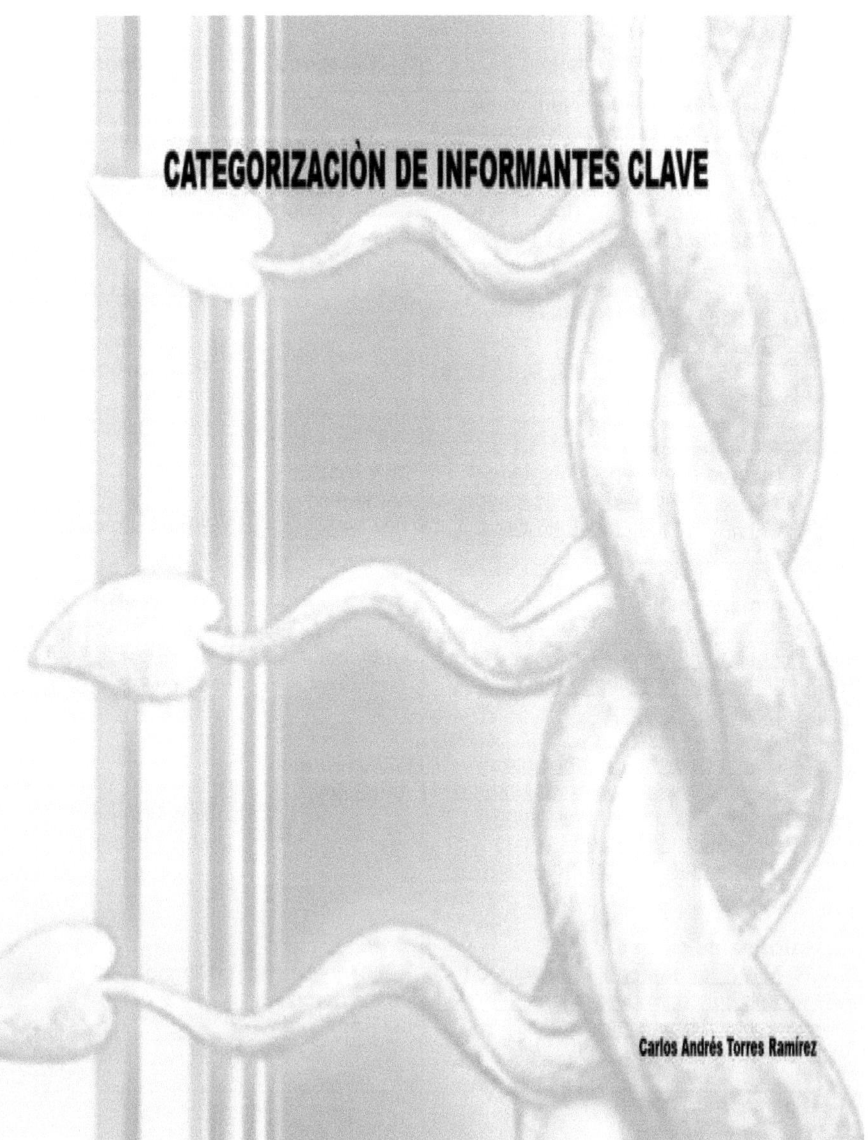
CATEGORIZACIÒN DE INFORMANTES CLAVE
Carlos Andrés Torres Ramírez

Cuadro 1. Categorización de la Entrevista, Textos Parciales Informantes Clave

Textos parciales	Categoría	Subcategoría
Entrevistador: 1. ¿Qué piensa usted cuando le hablan de los derechos del ambiente? **Informante clave 1.** **R.** Pues, me resulta cierto que si los hombres tienen derechos y deberes el medio ambiente también los tiene por eso como dice la ley es necesario que las personas protejan la tierra y el agua pa' podé sembrâ y entonces sacar la comida y cuidar la tierra para las otras cosechas	Derechos del Ambiente	-Protección de la tierra y el agua -Poder sembrar - Producción de alimentos
Informante clave 2. **R.** Sí, creo que el ambiente tiene derechos, sí claro yo he escuchado, bueno sobre todas muchas cosas cómo proteger el suelo.	Derechos del Ambiente	-Protección de la tierra
Informante clave 3. **R.** En la naturaleza, en el cuidado que hay que tener de preservar la naturaleza lo más virgen posible.	Derechos del Ambiente	-Preservar la naturaleza
Informante clave 4. **R.** Bueno derecho de ambiente es…ejemplo, sería como, buenoooo, proteger algo; una empaliza una vaina, la tierra tiene que ver con vainas de agua y …bueno preservar algo pues.	Derechos del Ambiente	-Protección de la tierra y el agua
Informante clave 5. **R.** Mira…. proteger el ambiente, de verdad nunca yo he escuchado de los derechos del ambiente.	Desconocimiento de los derechos del Ambiente	-Ninguna

Fuente: Autor (2020)

Cuadro 1. (cont.)

Textos parciales	Categoría	Subcategoría
Entrevistador 2. ¿Qué problemas ambientales observa usted en su comunidad? **Informante clave 1.** **R.** Ambientales, cuando hablamos de problemas ambientales puede ser y estaremos hablando de invierno verano de cómo se tratan los suelos para esa temporada y otra según el ambiente pueden ser actos y no actos para la agricultura.	Problemas ambientales	-Cambio climático -Erosión, -Desertificación -Sobrepastoreo -Monocultivo -Quema
Informante clave 2. **R.** Bueno como te diría, hay problemas con el agua hay muchos escases y el suelo necesita mucha agua la tierra no está muy fértil como antes.	Problemas ambientales	-Escases de agua -Infertilidad de la tierra
Informante clave 3. **R.** La quema indiscriminada, la quema básicamente.	Problemas ambientales	-Quema
Informante clave 4. **R.** Bueno, sería como bote de basura tener las calles limpias pues, creo que más nada.	Problemas ambientales	-Desechos solidos
Informante clave 5. **R.** Bueno que te puedo decir, la gente por aquí quema mucha basura, recoge el monte …lo quema más nada.	Problemas ambientales	-Quema -Desechos solidos

Fuente: Autor (2020)

Cuadro 1. (cont.)

Textos parciales	Categoría	Subcategoría
Entrevistador 3. ¿A qué cree usted se deba la existencia de estos problemas? **Informante clave1.** **R.** Los problemas como te digo si es invierno o verano, si el invierno es fuerte o el verano no es fuerte hay diferentes problemas por lo seco del verano y en el invierno por mucha lluvia si hablamos de problemas que ataquen la producción.	Causas de los problemas ambientales	-Las Lluvias torrenciales - La sequía
Informante clave 2. **R.** Cónchale la naturaleza, le falta mucha nutrición para poder sembrar	Causas de los problemas ambientales	Falta de nutrientes para el suelo
Informante clave 3. **R.** Bueh, en la creencia de cultura, todos los años queman porque creen que van a mejorar más la tierra.	Causas de los problemas ambientales	-La quema indiscriminada
Informante4. R. Bueno de uno mismo, porque si uno no quema tanto, uno tiene que cuidar el ambiente y entonces. ¡Ah, los pesticidas!	Causas de los problemas ambientales	-Acción antrópica
Informante 5 R. Mira, yo te digo que los que queman, porque el veneno no se consigue mucho y eso es un poquito difícil.	Causas de los problemas ambientales	-La quema indiscriminada -Uso de agroquímicos

Fuente: Autor (2020)

Cuadro 1. (cont.)

Textos parciales	Categoría	Subcategoría
Entrevistador 4. ¿Usa agroquímicos en sus labores como productor agrícola? ¿Por qué?		
Informante clave 1. **R**. Sí, se está usando agroquímico, horita en este momento se está usando para atacar la plaga de la caña, unos coquitos. Se están usando un plaguicida para los hongos, hormigas y otras plagas que hay que atacarlos con agroquímicos fuertes para poder matarlos y los utilizo para eliminar las plagas y tener un buen producto.	Uso de agroquímicos	-Plaguicida -Agroquímicos fuertes
Informante clave 2. **R**. Claro para la siembra se necesita mucho químico, para que las plantas produzcan más y adelante más eso.	Uso de agroquímicos	-Grandes cantidades
Informante clave 3. **R.** Sí, para la siembra porque siempre se acostumbra, se ha hecho un hábito.	Uso de agroquímicos	-Por costumbre
Informante clave 4. R. Sí, si uso, veneno cosas así, abono porque si uno no tiene abono, no produce los que uno siembra pues	Uso de agroquímicos	-Venenos
Informante clave 5. R. Si. Bueno para las plantas, para que se desarrollen y el fruto crezca y pa' los insectos.	Uso de agroquímicos	-Transgénicos

Fuente: Autor (2020)

Cuadro 1. (cont.)

Textos parciales	Categoría	Subcategoría
Entrevistador 5. ¿El uso de agroquímicos representan algún riesgo para su familia, para la comunidad y/o para el ambiente? ¿Cuáles?		
Informante clave 1. **R.** Puede haber muchos riesgos pues los agroquímicos traen un químico fuerte que pueden causar intoxicación mucho y bastante riesgo. Hay muchas formas de echarlos, como puede ser las medidas de seguridad. Hay agroquímicos que no traen tanto riesgo. Con respecto al ambiente con el uso de los químicos si puede haber riesgo, serían dañar el ambiente, como el suelo.	Riesgos del uso de agroquímicos	- Intoxicación -Dañar el ambiente -Dañar el suelo.
Informante clave 2. **R.** Sí, pero los fertilizantes no y los venenos hay uno que sí otros que no, pero no causan ningún problema grave para el ambiente.	Desconocimiento de los riesgos por el uso de agroquímicos	-Ninguna
Informante clave 3. **R.** Bueno según los estudios sí que a largo plazo afectan, bueno malformación de los niños, enfermedades como el cáncer, ese tipo de patología.	Riesgos del uso de agroquímicos	-Malformación biológica - Cáncer
Informante clave 4. **R.** No, por aquí no. Por aquí no se fumiga con venenos fuertes, a veces muchas clases de venenos fuertes si, intoxican a uno, pero uno pasa eso.	Riesgos del uso de agroquímicos	- Intoxicación
Informante clave 5. **R.** Para el ambiente, porque para mi familia, no creo.	Desconocimiento de los riesgos por el uso de agroquímicos	-Ninguna

Fuente: Autor (2020)

Cuadro 1. (cont.)

Textos parciales	Categoría	Subcategoría
Entrevistador 6. ¿Ha tenido alguna experiencia propia o conoce a alguien que se haya visto afectado o enfermado por el uso agroquímicos en la comunidad? ¿Quiere contarme?		
Informante clave 1. R. Hay una anécdota de un empleado de la finca que por no usar la mascarilla se intoxicó, estuvo mal lo llevamos a un ambulatorio para desintoxicarlo porque estaba asfixiado.	Afectaciones por el uso de agroquímicos	Trabajadores del campo intoxicados
Informante clave 2. **R**. No, no conozco a nadie.	Desconocimiento de afectaciones por el uso de agroquímicos	Ninguna
Informante clave 3. **R.** Un vecino sí, pero no es nadie de cerca, solo el hijo de un vecino que lo tomo y perdió la vida lamentablemente.	Afectaciones por el uso de agroquímicos	Envenenamiento y muerte
Informante clave 4. **R.** Sí, si han pasado gente que se han fumigado y han estado grave, pero eso les pasan, no se han muerto, pero quedan medio locos pero bueno.	Afectaciones por el uso de agroquímicos	Trabajadores del campo intoxicados
Informante clave 5. **R**. Sí, intoxicación de uno de los muchachos que se me metió pa'l rastrojo cuando yo estaba fumigando y se me envinó, lo llevé pa´l doctol y me lo curraron.	Afectaciones por el uso de agroquímicos	Intoxicación de un familiar

Fuente: Autor (2020)

Cuadro 1. (cont.)

Textos parciales	Categoría	Subcategoría
Entrevistador 7. ¿Cree que desde la organización de la comunidad se debería desarrollar medidas para la solución de los problemas ocasionados por el uso de agroquímicos? ¿Cuáles?		
Informante clave 1. **R.** ¿A través de la comunidad? Sí, con charlas sobre el uso de los agroquímicos para proteger la comunidad y la familia.	Medidas para solucionar problemas	-Charlas -Protección -Comunidad -Familia.
Informante clave 2. **R.** Bueno que haigan más agroquímicos, porque se necesitan para sembrar.	Desconocimiento de medidas para solucionar problemas	-Ninguna
Informante clave 3. **R.** Bueno, esa es la visión y los más cercano es la comunidad, el consejo comunal y bueno reunirse buscar la gente de la institución que formen para ser portadores de esa información y vamos nosotros a traerlas aguas abajo.	Medidas para solucionar problemas	-Organización -Gobierno -Formación -Sociabilizar conocimiento
Informante clave 4. **R.** Bueno yo creo que sí debe haber porque si esos venenos bravos que hacen daños o uno mismo, tiene que protegerse de eso, para eso hay leche uno puede beber leche en la mañana antes de fumigar. Ahí están unos que son machos y no les gusta beber, pero yo cuando fumigo bebo leche en la mañana y fumigo y no me pasa nada.	Medidas para solucionar problemas	-Precaución
Informante clave 5. **R.** Más charla. más información así uno ve cómo se pueden usar mejor los químicos…y eso.	Medidas para solucionar problemas	-Formación.

Fuente: Autor (2020)

Cuadro 1. (cont.)

Textos parciales	Categoría	Subcategoría
Entrevistador 8. ¿Los habitantes de la comunidad están interesados en aplicar acciones para la solución de los problemas que se producen por el empleo los agroquímicos? ¿Argumente?		
Informante clave 1. R. ¿Los habitantes? Claro, como te dije hace rato, pueden ser agroquímicos naturales esa pudiera ser una acción para minimizar el riesgo de los venenos.	Interés en aplicar soluciones	Uso de fertilizantes naturales y biocontroladores
Informante clave 2. **R.** sí, si eso creo, pero sin agroquímico no sembramos y de verdad primera vez que pregunta esto.	Desinterés	-Ninguna
Informante clave 3. **R.** Tendría que llamar una asamblea, para ver que piensan ellos.	Desinterés	-Ninguna
Informante clave 4. **R.** Sí, yo creo que sí, por qué, bueno que cambien, será que cambien. comentarse más, como charlas que vengan una gente a charlear con uno y uno los entiende pues, tampoco uno no va a pagar por eso, contar que ellos tengan la responsabilidad de venir pa'ca y avisan – mira vamos tal día y uno se reúnen los agricultores y ustedes venga un sábado o un lunes y le den una charla a uno pues.	Interés en aplicar soluciones	Concientización de las personas Gratuidad de la formación
Informante clave 5. **R.** Bueno sí. Nos gustaría mucho.	Interés en aplicar soluciones	Máximo interés

Fuente: Autor (2020)

ESTRUCTURACIÒN DE LA INFORMACIÒN
Carlos Andrés Torres Ramírez

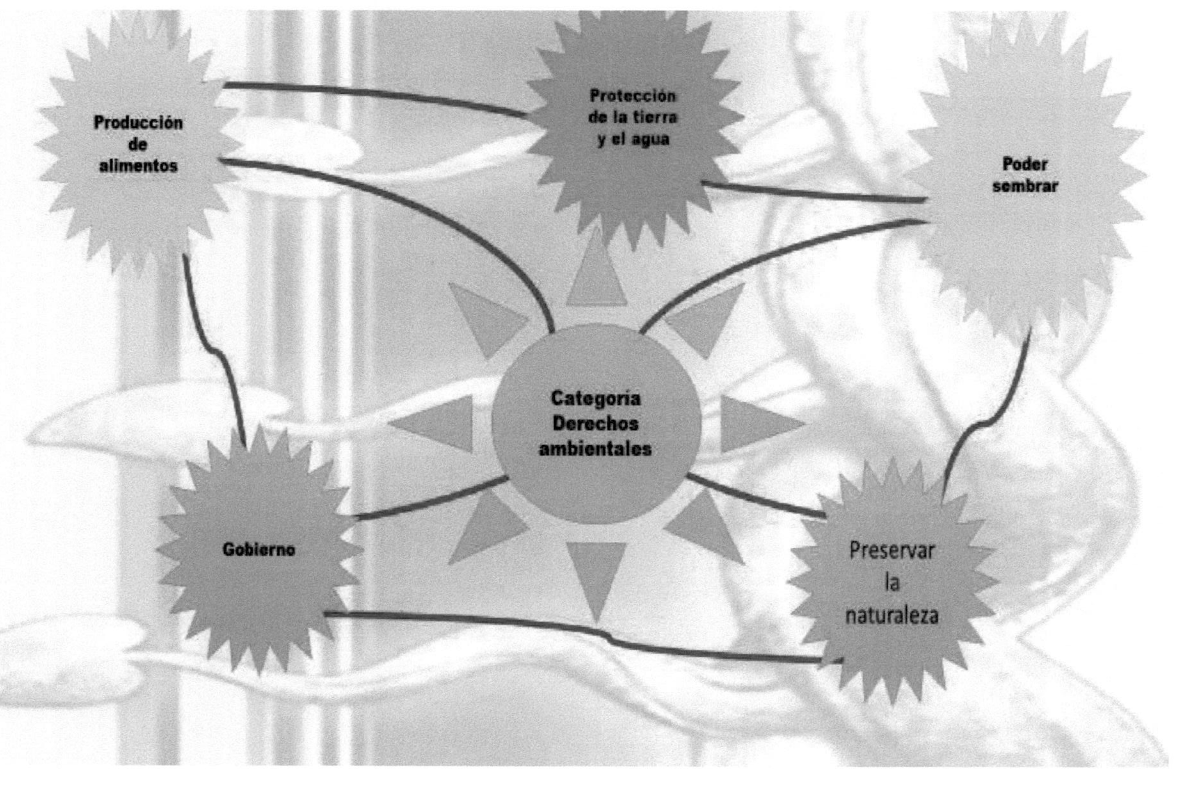

Grafico 3. Derechos ambientales
Fuente: Autor (2020)

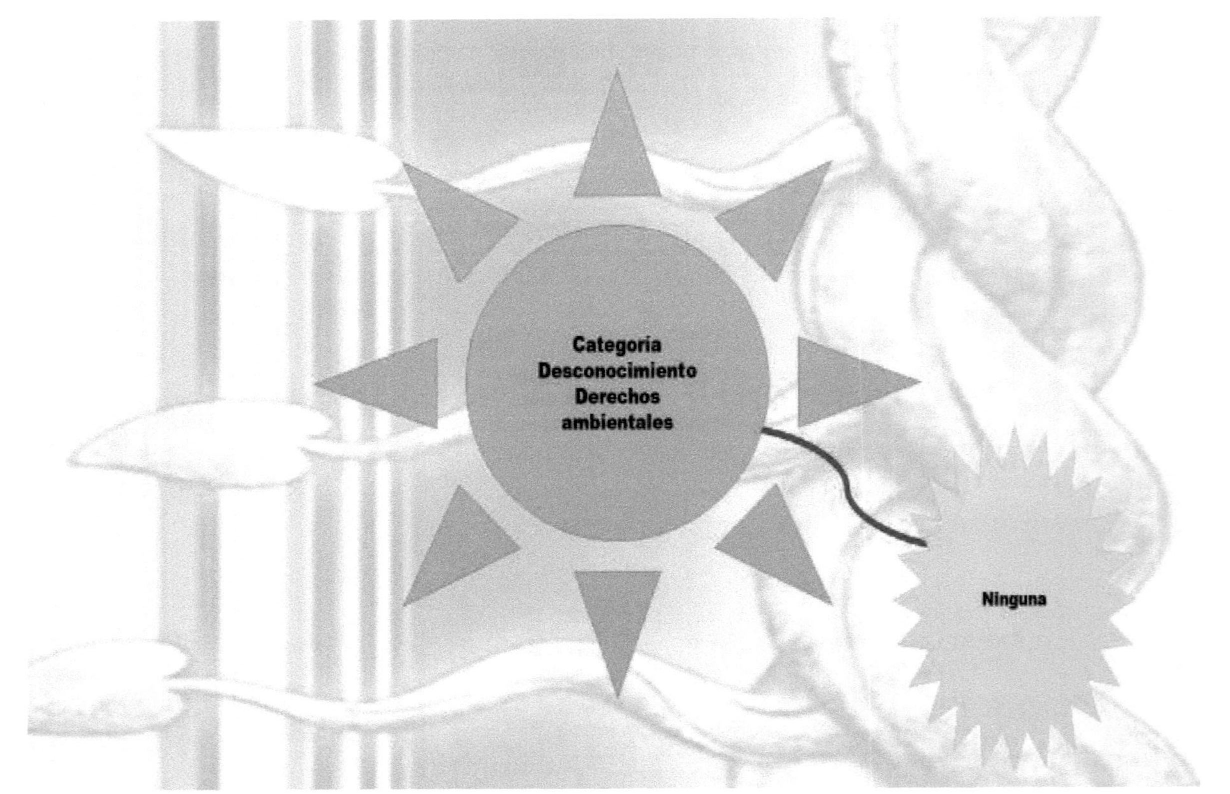

Grafico 4. Desconocimiento de los derechos ambientales
Fuente: Autor (2020)

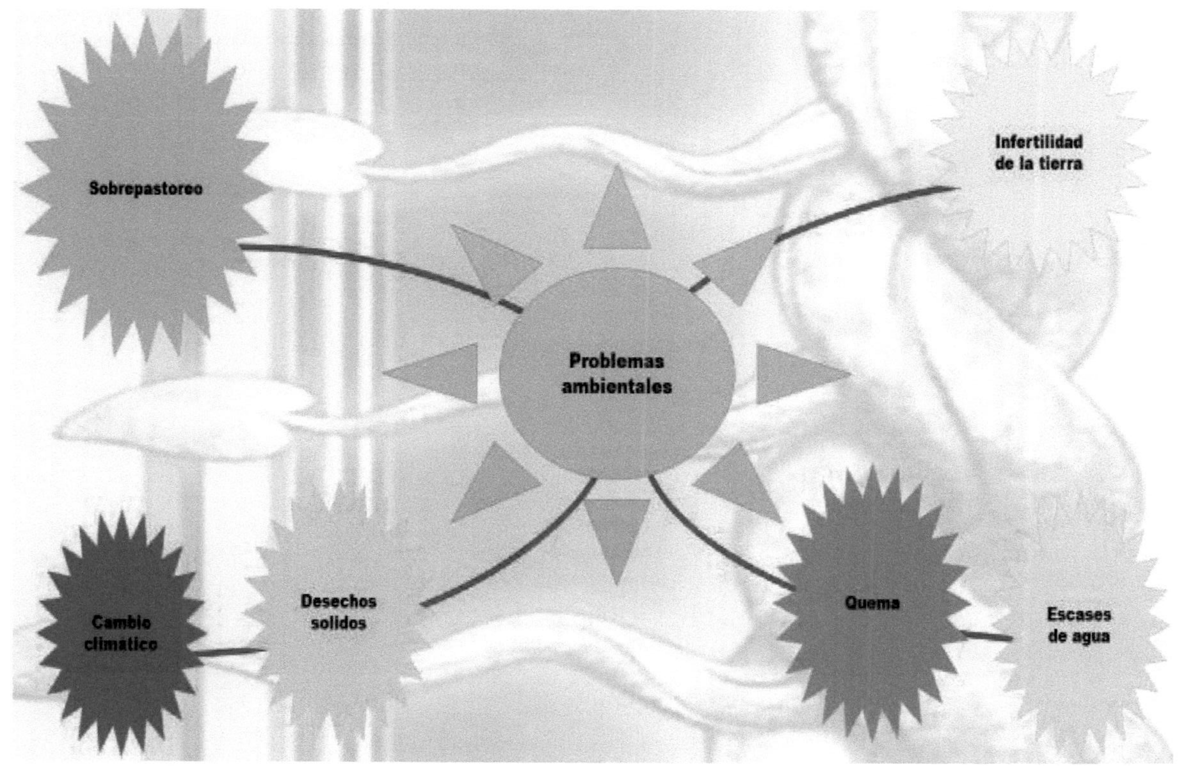

Grafico 5. Problemas ambientales
Fuente: Autor (2020)

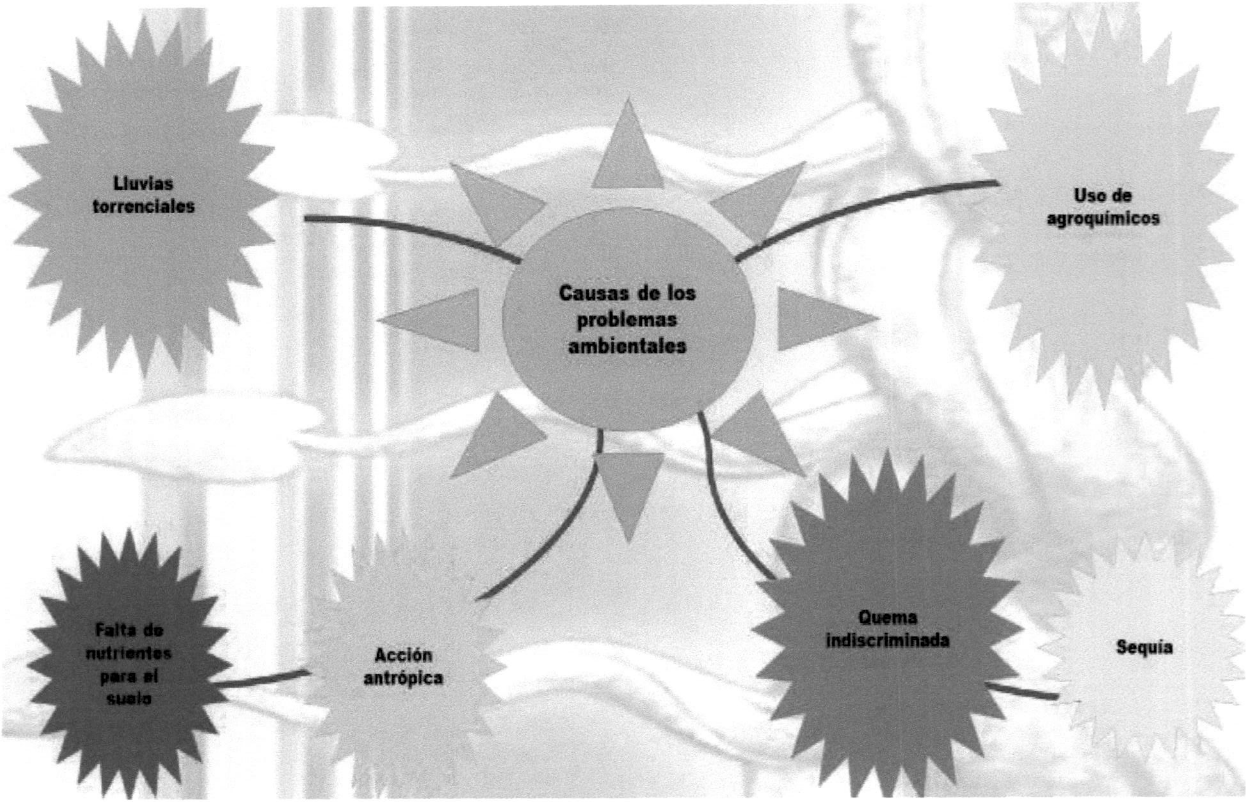

Lluvias torrenciales

Causas de los problemas ambientales

Uso de agroquímicos

Falta de nutrientes para el suelo

Acción antrópica

Quema indiscriminada

Sequía

Grafico 6. Causas de los problemas ambientales
Fuente: Autor (2020)

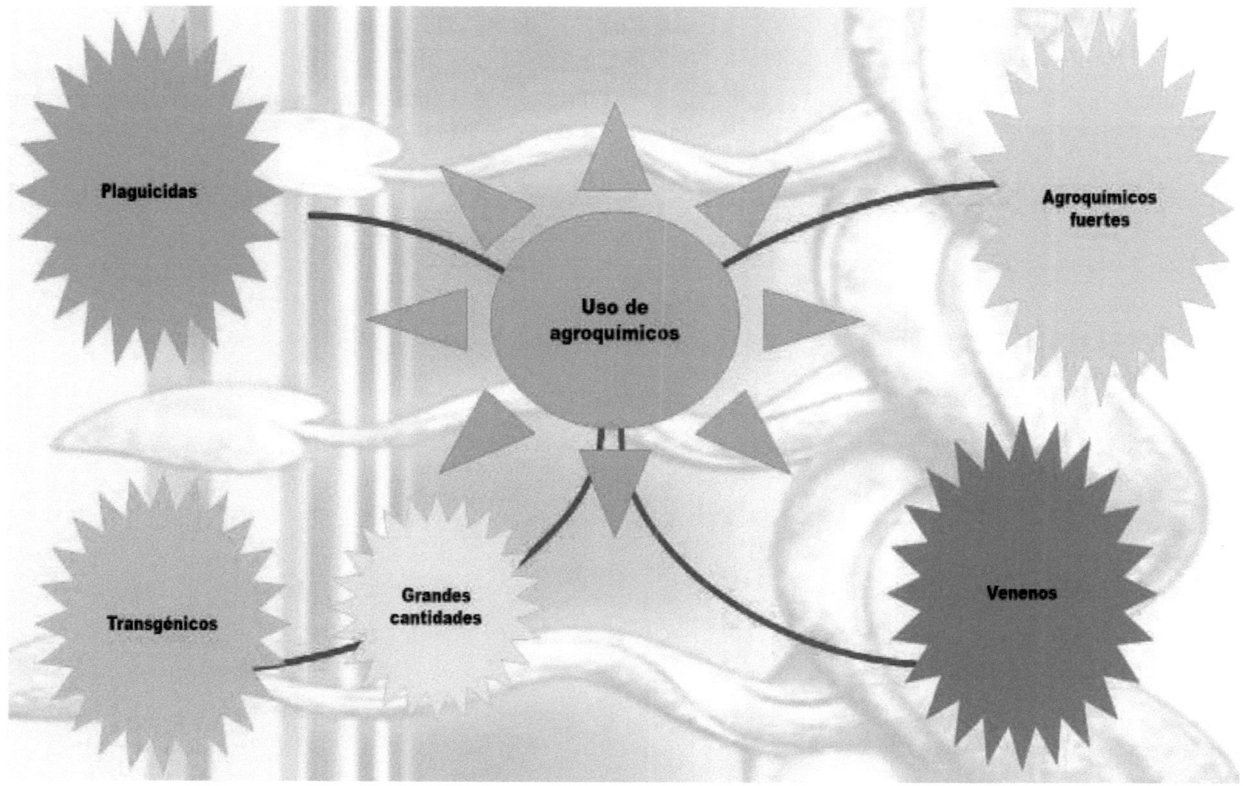

Grafico 7. Uso de Agroquímicos
Fuente: Autor (2020)

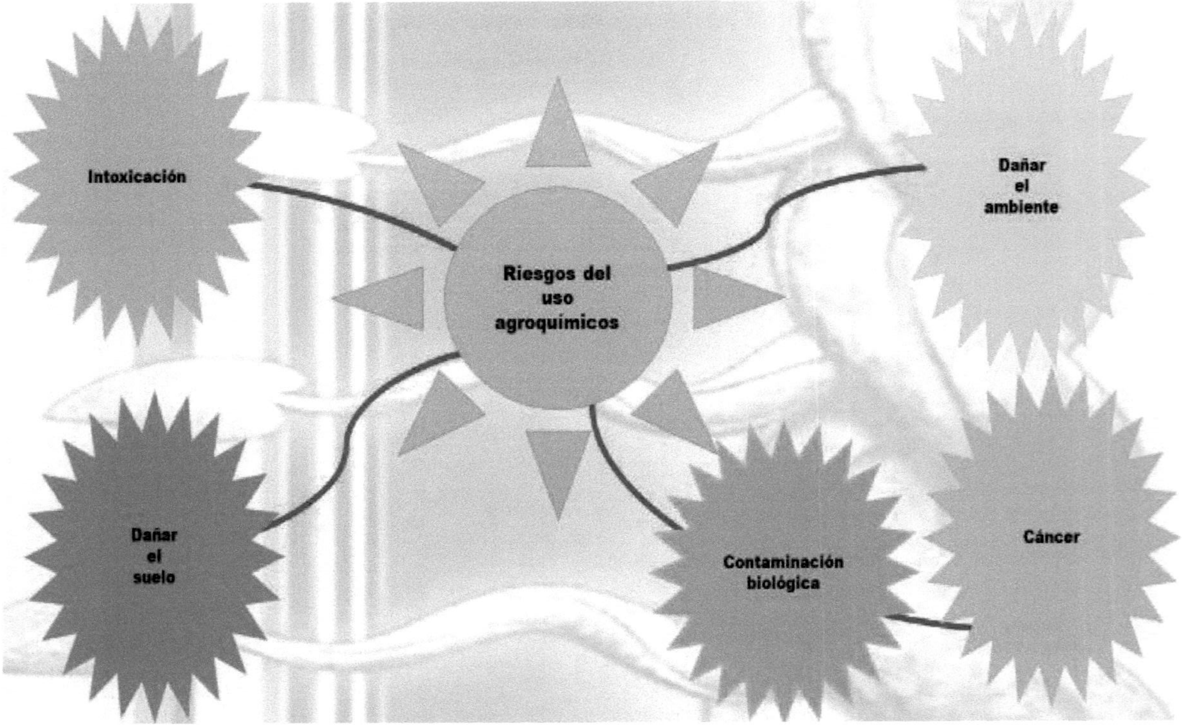

Grafico 8.Riesgo del uso de Agroquímicos
Fuente: Autor (2020)

Grafico 9. Desconocimiento de los riesgos del uso de Agroquímicos
Fuente: Autor (2020)

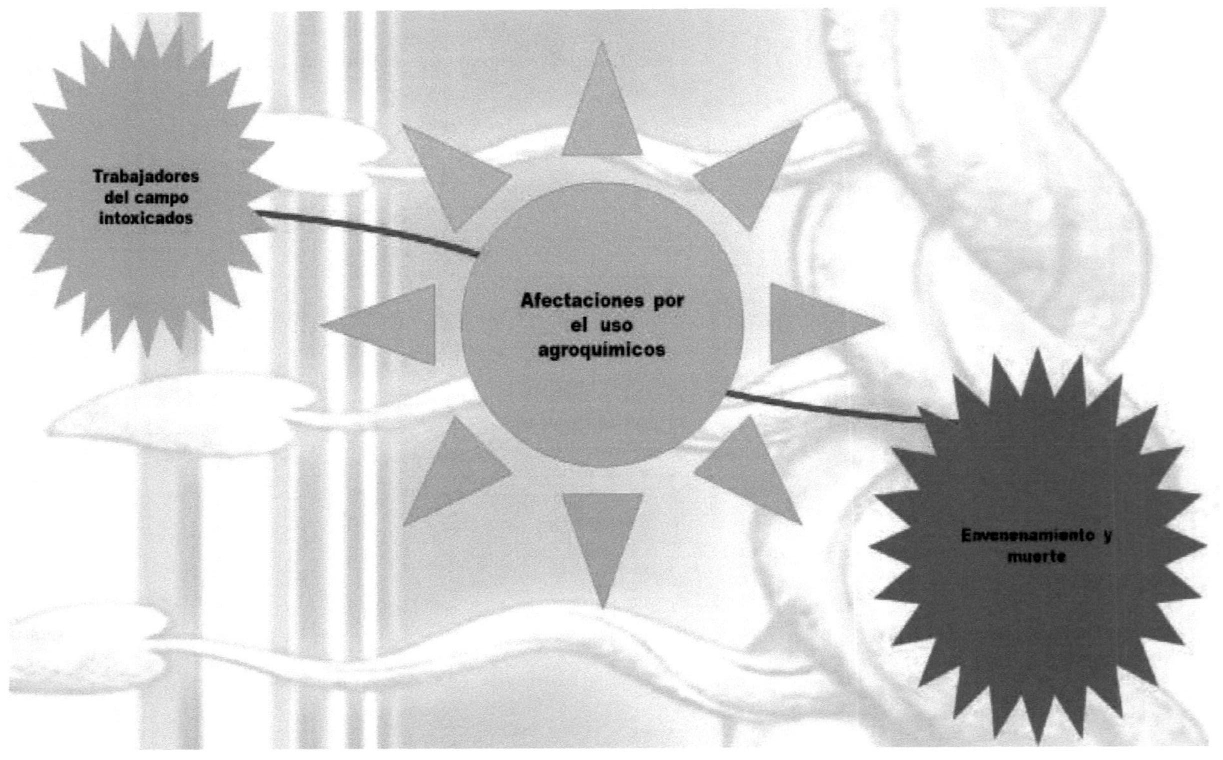

Grafico 10. Afectaciones por el uso de Agroquímicos
Fuente: Autor (2020)

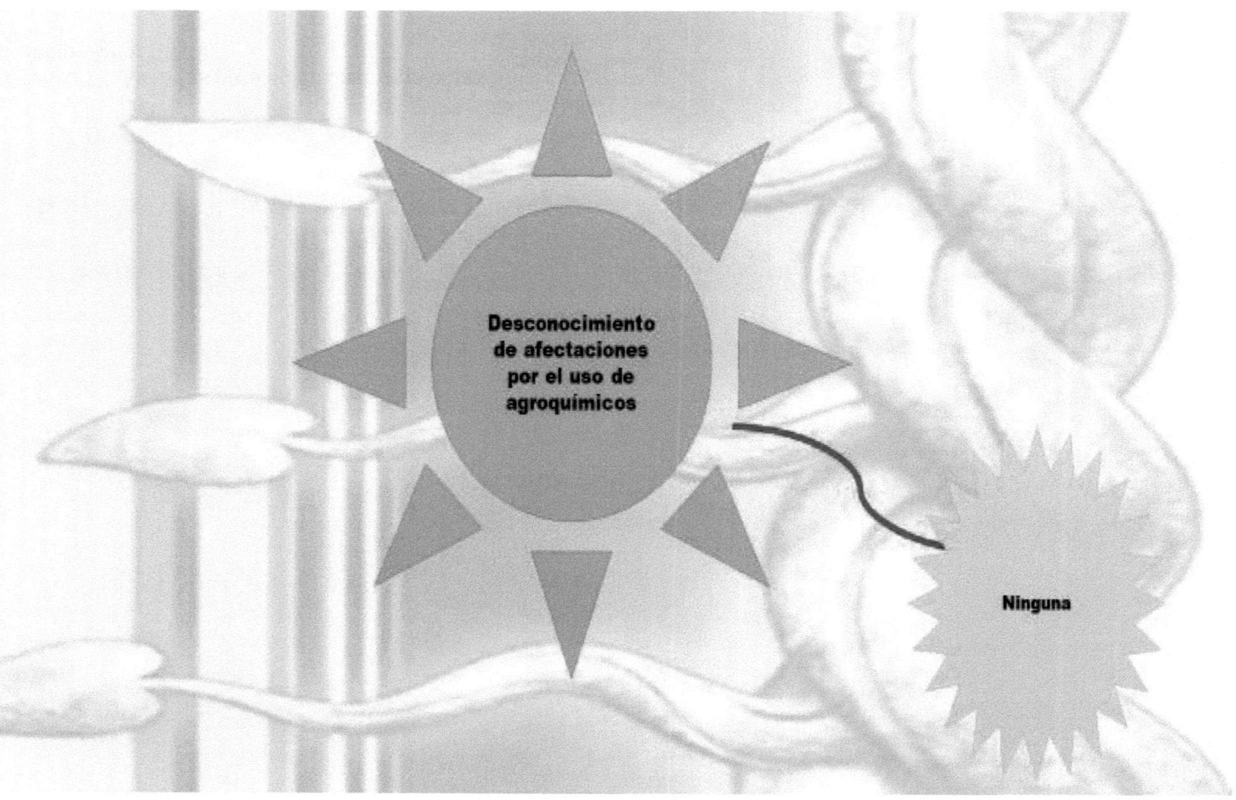

Grafico 11. Desconocimiento de las afectaciones por el uso de Agroquímicos
Fuente: Autor (2020)

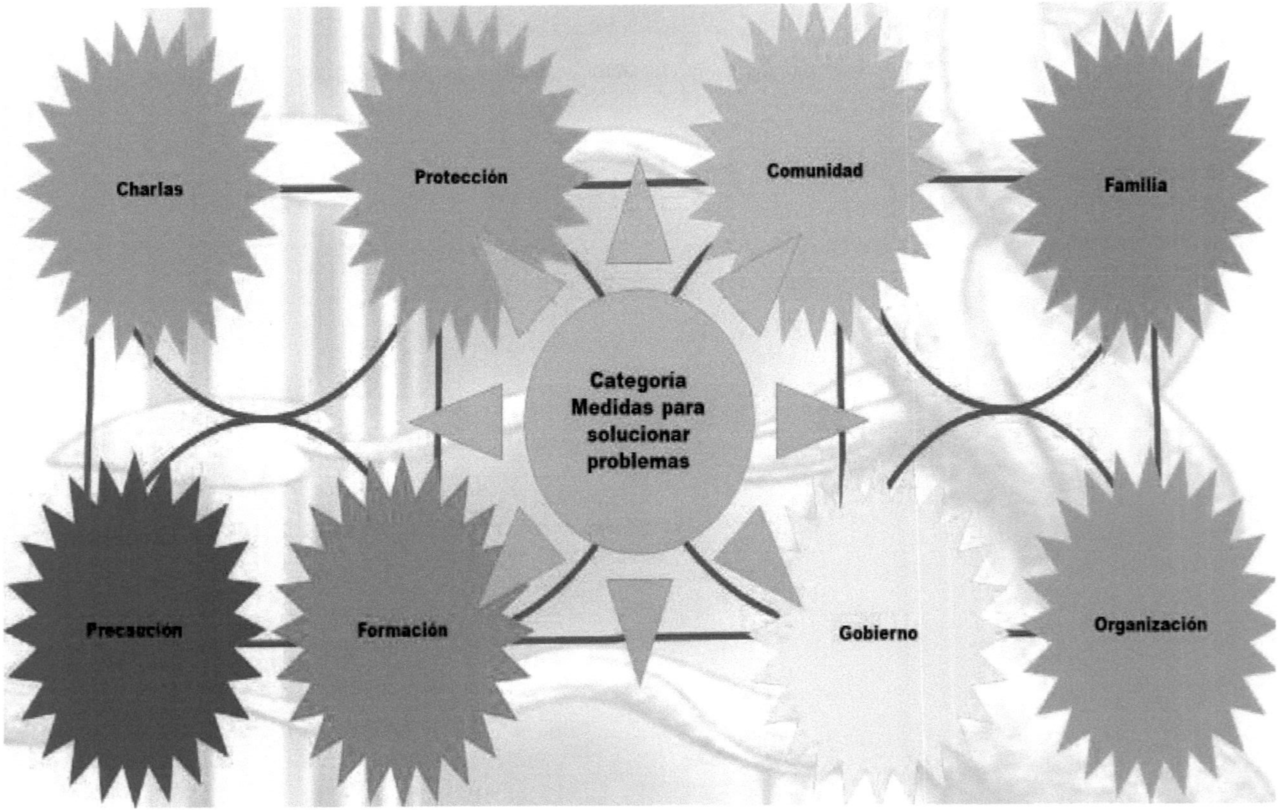

Charlas
Protección
Comunidad
Familia
Categoria Medidas para solucionar problemas
Precaución
Formación
Gobierno
Organización

Grafico 12. Medidas para solucionar problemas
Fuente: Autor (2020)

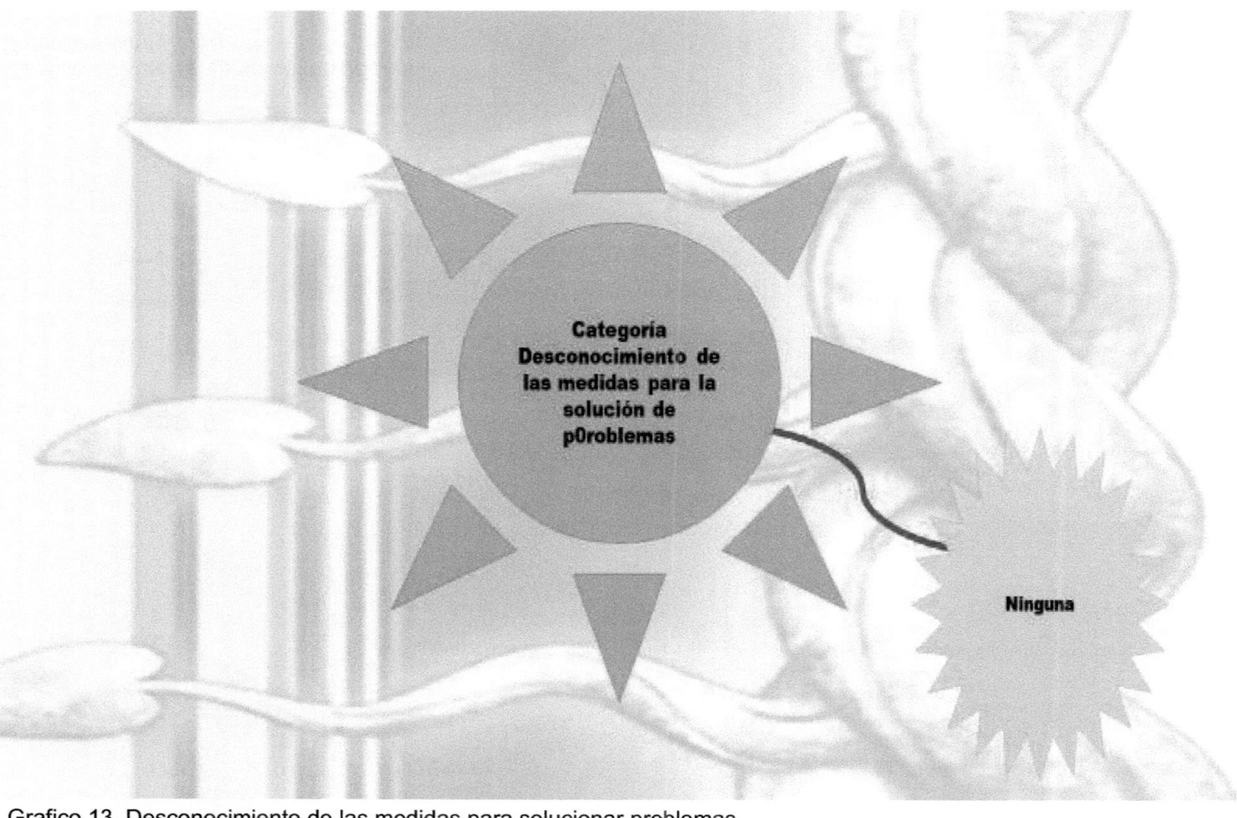

Grafico 13. Desconocimiento de las medidas para solucionar problemas
Fuente: Autor (2020)

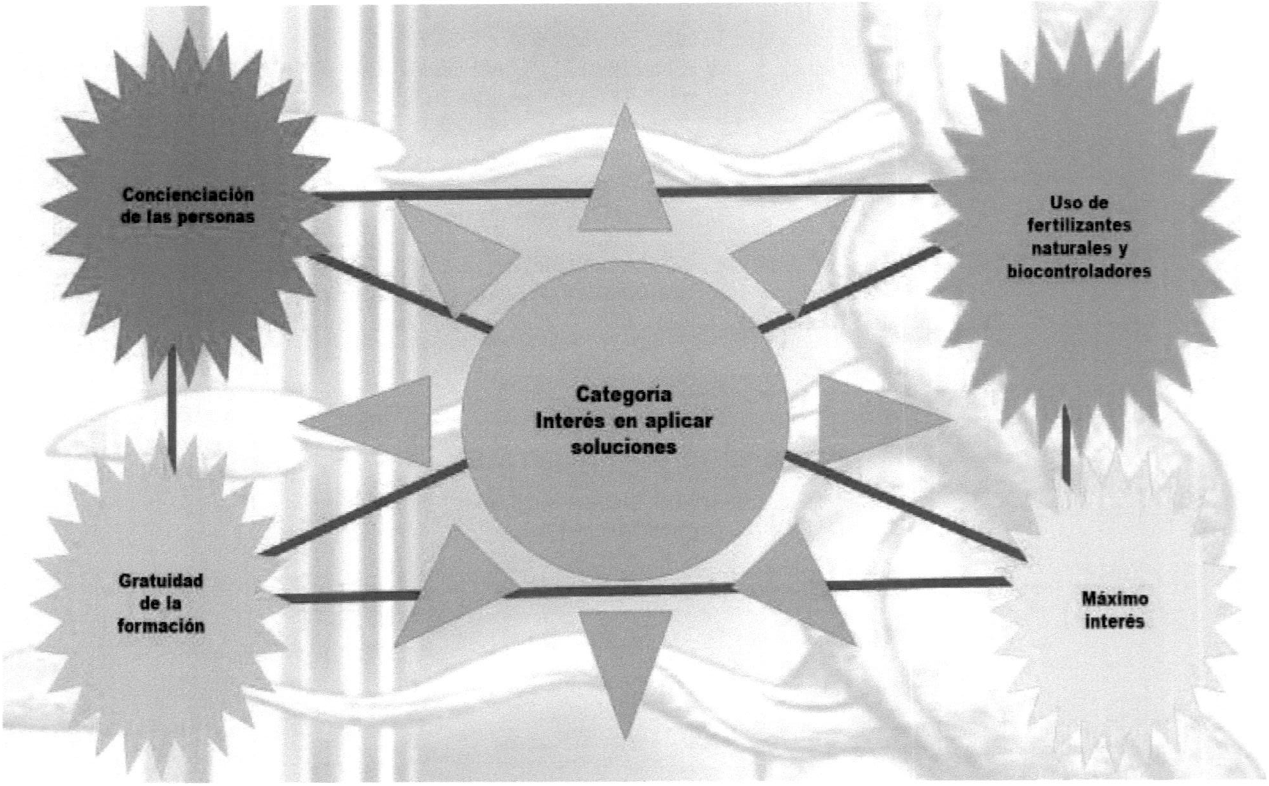

Concienciación de las personas

Uso de fertilizantes naturales y biocontroladores

Categoría Interés en aplicar soluciones

Gratuidad de la formación

Máximo interés

Grafico 14. Interés en aplicar soluciones
Fuente: Autor (2020)

Grafico 15. Desinterés
Fuente: Autor (2020)

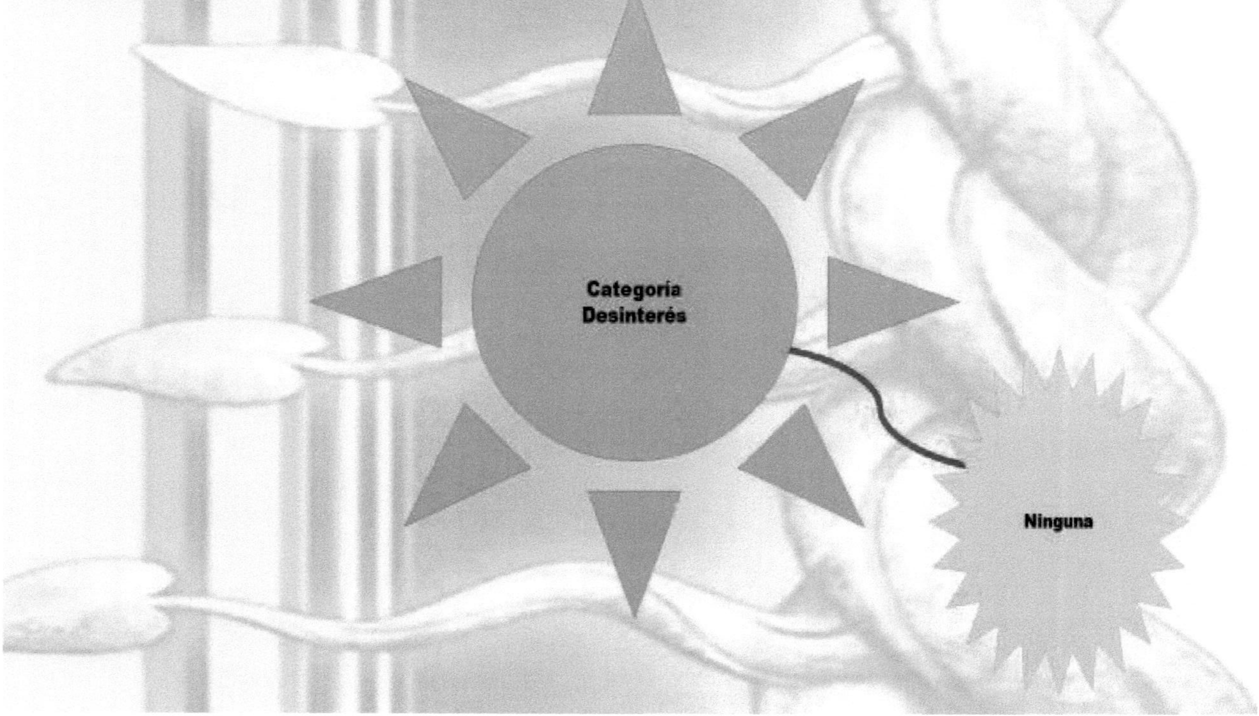

Categoría
Desinterés

Ninguna

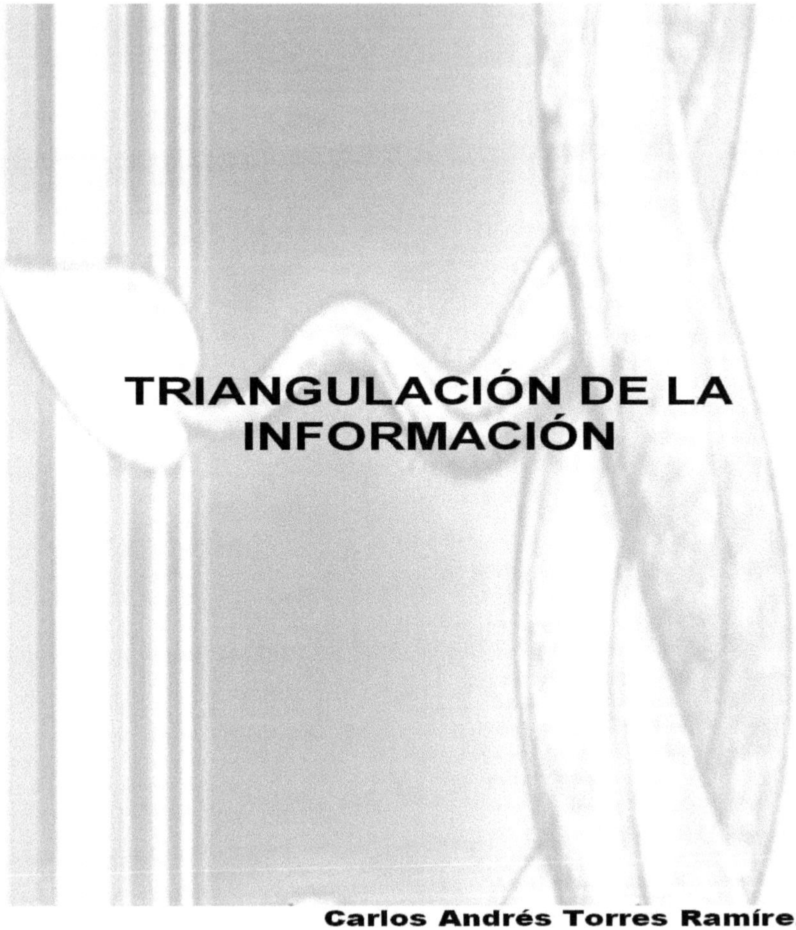

TRIANGULACIÓN DE LA INFORMACIÓN

Carlos Andrés Torres Ramírez

Cuadro 2. Triangulación de fuentes y teoría desde la apreciación de la información

Categoría					
Derechos del Ambiente	**Informante clave 1**	**Informante clave 2**	**Informante clave 3**	**Informante clave 4**	**Informante clave 5**
Subcategorías	Protección de la tierra y el agua -Poder sembrar -Producción de alimentos	-Protección de la tierra	- Preservar la naturaleza	Protección de la tierra y el agua	Ninguna
Teoría	El estado venezolano, en la exposición de motivos para la redacción de la Constitución de la República Bolivariana de Venezuela 1999, señala que:...con el objeto de garantizar un desarrollo ecológico, social y económicamente sustentable, protegerá el ambiente, la diversidad biológica, los recursos genéticos, los procesos ecológicos, los parques nacionales y monumentos naturales y demás áreas de especial importancia ecológica; al tiempo que velará por un medio ambiente libre de contaminación, en donde el aire, el agua, los suelos, las costas, el clima, la capa de ozono, las especies vivas, gocen de especial protección.				
Síntesis integrativa	Existe una marcada coincidencia entre el pensamiento de la categoría informantes clave en cuanto a los derechos ambientales y lo expresado teóricamente por el Estado venezolano desde el punto vista axiológico en cuanto a la protección y7 preservación de la naturaleza, para garantizar un desarrollo ecológico, social y económicamente sustentable, elemento este que está estrechamente relacionado con los propósitos de la teorética praxeológica ambiental: enfoque sociocomunitario de concienciación sobre el uso de agroquímicos que se pretende construir como argumento procedente en relación con el uso de agroquímicos en las unidades productivas agrícolas.				

Fuente: Autor (2020)

Cuadro 2. (cont.)

Categoría					
Desconocimiento de los derechos del ambiente	**Informante clave 1**	**Informante clave 2**	**Informante clave 3**	**Informante clave 4**	**Informante clave 5**
Subcategorías	-Protección de la tierra y el agua -Poder sembrar -Producción de alimentos	-Protección de la tierra	-Preservar la naturaleza	-Protección de la tierra y el agua	**-Ninguna**
Teoría	El Parlamento latinoamericano (2013) ha escrito que ante el desconocimiento de la población en cuanto a los derechos del ambiente se hace evidente la necesidad insoslayable de guiar a nuestros pueblos hacia la formación de una sociedad ambiental y económicamente sustentable, social y políticamente justa y pacífica en el siglo 21...e inspirar en nuestros pueblos, un nuevo sentido de interdependencia, solidaridad y responsabilidad compartida para el bien de la humanidad y de la comunidad de seres vivos que habitan nuestra región mega diversa (p. 1)				
Síntesis integrativa	La categoría desconocimiento de la población en lo que respecta a los derechos del ambiente, es una preocupación de quienes legislan en materia de valores, principios y aspiraciones como principio axiológico para alcanzar una visión ética que reconoce que los asuntos del tiempo actual son problemas aislados que deban resolverse de manera gradual y aislada, sino que se presentan como fenómenos interconectados que demandan soluciones integradas basadas en un marco de referencia científico-formativo y socio-político y ético que reconoce la protección ambiental, los derechos humanos, el desarrollo humano sustentable, la lucha contra la pobreza, la exclusión y la paz como interdependientes e indivisibles. De allí que se argumente la necesidad de educar para el desarrollo, asegurando la integridad ecológica y preservando el acervo cultural y natural en un marco de construcción noética donde las personas no desconozcan los derechos ambientales como forma de asegurar la vida sustentable, lo que también significa construir una cultura de racionalidad en cuanto a la protección del ambiente.				

Fuente: Autor (2020)

Cuadro 2. (cont.)

Categoría					
Problemas ambientales	**Informante clave 1**	**Informante clave 2**	**Informante clave 3**	**Informante clave 4**	**Informante clave 5**
Subcategorías	-Cambio climático -Erosión, -Desertificación -Sobrepastoreo -Monocultivo -Quema	-Escases de agua -Infertilidad de la tierra	-Quema	-Desechos solidos	-Quema -Desechos solidos
Teoría	**De los Santos (2018), ha expuesto en su teoría sociológica del ambiente que "...Los problemas ambientales prácticamente afectan a la totalidad de los elementos de la naturaleza que nos rodea. Tales como: el agua, el suelo, los animales, la vegetación e incluso el clima que poco a poco vamos observándolo" (p.1). Por su parte, Dowell (2019), remarca como principales problemas ambientales: "...la destrucción de los bosques o deforestación. la sequía y la escasez de agua; el consumo abusivo; la contaminación del aire; el cambio climático; la contaminación del mar y el peligro de extinción de especies" (p. 1)**				
Síntesis integrativa	Existe una coincidencia recurrente entre las opiniones de los informantes clave y lo plasmado en la teoría sociológica del ambiente en cuanto a la identificación de los problemas ambientales, ya que, tanto fuentes como teoría determinan con precisión los factores que afectan en gran medida a los recursos ambientales causando la destrucción parcial o total de ellos, al igual que la contaminación y las especies animales que se ven afectadas por causa de la contaminación y la disminución de ecosistemas.				

Fuente: Autor (2020)

Cuadro 2. (cont.)

Categoría					
Causas de los problemas ambientales	**Informante clave 1**	**Informante clave 2**	**Informante clave 3**	**Informante clave 4**	**Informante clave 5**
Subcategorías	-Las Lluvias torrenciales - La sequía	Falta de nutrientes para el suelo	-La quema indiscriminada	-Acción antrópica	-La quema indiscriminada -Uso de agroquímicos
Teoría	Para Mehsen (2019) "…entre las principales causas que originan los problemas ambientales están las siguientes: actividades del hombre o de toda la humanidad;… el uso de clorofluorocarbonados; tecnología convencional contaminante; la quema de combustibles fósiles; la agricultura convencional; la generación de basura o residuos sólidos; Oros problemas ambientales como la deforestación, los incendios forestales, certificación, erosión, pérdida de biodiversidad, contaminación ambiental, fenómenos naturales…" (p. 59) [el subrayado es del autor]				
Síntesis integrativa	Los actores informantes identifican como causales de los problemas ambientales: lluvias torrenciales; sequía; la falta de nutrientes para el suelo; acción antrópica y uso de agroquímicos, opinión esta coincidente con la de Mehsen (2019) quien hace paralelismo con los actores informantes al señalar actividades del hombre o de toda la humanidad; el uso de clorofluorocarbonados; tecnología convencional contaminante; la agricultura convencional; como causas de los problemas ambientales				

Fuente: Autor (2020)

Cuadro 2. (cont.)

Categoría					
Uso de agroquímicos	**Informante clave 1**	**Informante clave 2**	**Informante clave 3**	**Informante clave 4**	**Informante clave 5**
Subcategorías	-Plaguicida -Agroquímicos fuertes	-Grandes cantidades	Por costumbre	-Venenos	-Transgénicos
Teoría	Según Lombardich (2017). La manipulación o utilización de agroquímicos, es una práctica habitual en el ámbito rural que presenta riesgos importantes que pueden ser minimizados o eliminados, de seguirse una serie de prácticas recomendadas. (p. 21) [el subrayado es del autor]				
Síntesis integrativa	Los actores informantes usan agroquímicos por costumbre, siendo que estos productos se caracter5izan por ser: plaguicidas, venenos, agroquímicos fuertes y transgénicos que son utilizados en grandes cantidades. Este hallazgo, se corresponde con lo expresado por Lombardich (2017). Cuando afirma que la manipulación o utilización de agroquímicos, es una práctica habitual en el ámbito rural				

Fuente: Autor (2020)

Cuadro 2. (cont.)

Categoría					
Riesgo del uso de agroquímicos	**Informante clave 1**	**Informante clave 2**	**Informante clave 3**	**Informante clave 4**	**Informante clave 5**
Subcategorías	- Intoxicación -Dañar el ambiente -Dañar el suelo.	-Ninguna	-Malformación biológica - Cáncer	- Intoxicación	-Ninguna
Teoría	Según Lombardich (2017). La manipulación o utilización de agroquímicos, es una práctica habitual en el ámbito rural que presenta riesgos importantes" (p. 21) [el subrayado es del autor]. Por su parte, González y Santana (2014), señalan que generalmente cuando agroquímicos, no se toma en cuenta "…el daño que provocan al ambiente (contaminación del suelo, agua y aire)…[ni tampoco] …los daños a la salud que… provocan la aparición de efectos crónicos como: cáncer, daño al cerebro, daños al sistema nervioso, daño al hígado, defectos de nacimiento, esterilidad, abortos espontáneos, alteraciones hormonales y afectación del sistema inmunológico" (p. 1)				
Síntesis integrativa	Los hallazgos reflejan que los productores tienen poca o adolecen de percepción de los riesgos a los que están expuestos, por una práctica laboral poco amigable con la salud humana y el ambiente. Por lo tanto, resulta muy importante la educabilidad de ellos, para el cambio de noesis en cuanto al uso y manejo de agroquímicos, para ello, necesario resulta, implementar una praxiología educativa que sensibilice a los pobladores del medio rural, para revertir el falso paradigma por ellos expresado de "sin el agroquímico no habría productividad agrícola".				

Fuente: Autor (2020)

Cuadro 2. (cont.)

Categoría					
Afectaciones por el uso de agroquímicos	**Informante clave 1**	**Informante clave 2**	**Informante clave 3**	**Informante clave 4**	**Informante clave 5**
Subcategorías	Trabajadores del campo intoxicados	Ninguna	Envenenamiento y muerte	Trabajadores del campo intoxicados	Intoxicaciones
Teoría	González y Santana (2014), señalan "… los daños a la salud que causan las exposiciones continuas a plaguicidas, provocan la aparición de efectos crónicos como: cáncer, daño al cerebro, daños al sistema nervioso, daño al hígado, defectos de nacimiento, esterilidad, abortos espontáneos, alteraciones hormonales y afectación del sistema inmunológico." (p. 1)				
Síntesis integrativa	Los informantes clave señalan como afectaciones producidas por el uso de agroquímicos dos circunstancias generalizadas, a saber: "envenenamiento y muerte e intoxicaciones", lo que evidencia poca percepción de las afectaciones que el uso de agroquímicos trae consigo y que han sido especificadas por la teoría en términos explícitos al referir que el uso de agroquímicos afecta la preservación de los ecosistemas, los recursos naturales, y la salud de las comunidades rurales y de los consumidores urbanos.				

Fuente: Autor (2020)

Cuadro 2. (cont.)

Categoría					
Medidas para solucionar problemas	**Informante clave 1**	**Informante clave 2**	**Informante clave 3**	**Informante clave 4**	**Informante clave 5**
Subcategorías	-Charlas -Protección -Comunidad -Familia.	-Ninguna	-Organización -Gobierno -Formación -Sociabilizar conocimiento	-Precaución	-Formación
Teoría	El Estado venezolano ha dispuesto: Generar un plan de desaprendizaje y aprendizaje sobre la ecología y la geografía en una doctrina crítica, de descolonización para la defensa efectiva de la naturaleza y construcción del ecosocialismo, generando los contenidos académicos prácticos a los distintos niveles del sistema educativo, formación de servidores públicos y Poder Popular. (Plan de la Patria 2019-2025. Objetivo nacional 5.4.1.4.2.) [el subrayado es del autor]				
Síntesis integrativa	Los informantes clave creen necesario tomar medidas de organización, precaución, protección y formación para que las familias y la comunidad, lleven a cabo acciones con base en la socialización del conocimiento para solucionar los problemas presentes. Esta postura, se corresponde con la intención doctrinaria del Estado venezolano en cuanto a que la solución de los problemas, debe abordarse a partir de la generación de planes para el desaprendizaje y aprendizaje que potencien la defensa efectiva de la naturaleza. Sin embargo, algunos productores adolecen de percepción a la hora de considerar medidas que puedan contribuir a solucionar los problemas devenidos por las prácticas agrícolas poco amigables con el ambiente				

Fuente: Autor (2020)

Cuadro 2. (cont.)

Categoría					
Interés en aplicar soluciones	**Informante clave 1**	**Informante clave 2**	**Informante clave 3**	**Informante clave 4**	**Informante clave 5**
Subcategorías	Uso de fertilizantes naturales y biocontroladores	Ninguna	Ninguna	Concientización de las personas Gratuidad de la formación	Máximo interés
Teoría	Pérez (2016) apoyador de la teoría del desarrollo comunitario, ha reafirmado la idea de dar mayor responsabilidad a la comunidad de elegir su destino. Dado que desde este enfoque se pueden encarar de manera más adecuada las demandas locales, también pueden ser más reales la participación ciudadana y la democratización de la sociedad, así como la creación de redes básicas que ayuden a desarrollar proyectos más sostenibles, siempre y cuando los actores sociales tengan interés en el logro de objetivos que son beneficiosos a toda la comunidad (p. 66)				
Síntesis integrativa	Se ha categorizado una parte de la comunidad que tiene máximo interés en aplicar soluciones a los problemas devenidos del uso de agroquímicos. Para ello, consideran como simientes la concientización de las personas mediante una formación gratuita que produzca el cambio para que se desarrolle la actividad agrícola con base en el uso de fertilizantes naturales y biocontroladores. Sin embargo, algunos productores no tiene interés alguno a la hora de considerar la aplicación de soluciones a los problemas devenidos por las prácticas agrícolas convencionales.				

Fuente: Autor (2020)

Gráfico 16. Elementos ontológicos de la teorética praxiológica ambiental desde el enfoque sociocomunitario para la concienciación en el uso de agroquímicos.
Fuente: Autor (2020)

La realidad encontrada para construir el argumento procedente de la teorética praxiológica ambiental desde el enfoque sociocomunitario para la concienciación en el uso de agroquímicos.

Según se desprende del análisis general realizado a los textos parciales en el discurso de los actores informantes, han emergido trece categorías que constituyen igual número de **elementos ontológicos** para desarrollar el argumento procedente de la teorética praxiológica ambiental desde el enfoque sociocomunitario para la concienciación en el uso de agroquímicos. Estos elementos, se presentan coincidentes con los propósitos del autor en cuanto a la generación de un nuevo conocimiento que lleve a la constitución de escenarios de desarrollo humano sustentable a partir de la visión noética de los actores sociales relacionados con el uso de agroquímicos en sus actividades laborales cotidianas.

Al respecto se aprecia el primer elemento ontológico se refiere a los "**Derechos ambientales**" y es indicativo de una marcada coincidencia conceptual entre el pensamiento de los actores sociales y el contexto teórico doctrinario expuesto por el Estado venezolano que se imbrican axiológicamente teniendo como primera consecuencia la existencia de una conciencia colectiva ganada para la protección y preservación de la naturaleza. Tal elemento de orden ontológico supone un escenario favorable para generar acciones orientadas a garantizar en las comunidades rurales desarrollo ecológico, social y económicamente sustentable. Este primer elemento guarda estrecha relación con los propósitos plasmados para la construcción de la teorética praxiológica ambiental, bajo el enfoque sociocomunitario de concienciación sobre el uso de agroquímicos que se pretende construir.

El segundo elemento ontológico que sustenta el argumento procedente de la teorética praxiológica ambiental desde el enfoque sociocomunitario para la concienciación en el uso de agroquímicos, está señalado por el **"Desconocimiento de los derechos del ambiente"**, esta circunstancia debería constituir preocupación en quienes legislan, pues, en materia de valores, principios y aspiraciones, resulta insoslayable atender esta realidad con base en principios axiológicos como forma de exponer una visión ética para el reconocimiento en tiempo real de problemas que por su trascendencia para la vida y el desarrollo humano deben resolverse mediante acciones integradas basadas en un marco de referencia científico-formativo-socio-político y ético teniendo como centro de atención la protección ambiental, los derechos humanos, el desarrollo humano sustentable, la lucha contra la pobreza, la exclusión y la paz como interdependientes e indivisibles.

De allí que se argumente la necesidad de educar para el desarrollo, asegurando la integridad ecológica y preservando el acervo cultural y natural en un marco de construcción noética donde las personas no desconozcan los derechos ambientales como forma de asegurar la vida sustentable, lo que también significa construir una cultura de racionalidad en cuanto a la protección del ambiente, lo que implica el establecimiento de escenarios comunitarios donde estudiar la estructura lógica de la acción humana consciente de forma apriorística, conlleve a la cultura ambiental por parte de las familias.

En tercer lugar se ha presentado un elemento concurrente en cuanto a la identificación de los "**Problemas ambientales**", en la cual, los actores sociales determinan con precisión cuales son los factores que afectan en gran medida a los recursos ambientales causando la destrucción parcial o total de ellos, al igual que la contaminación y las especies animales que se ven afectadas por causa de la contaminación y la disminución de ecosistemas. Sin embargo, se percibe la resistencia en lo que respecta a omitir o cuando menos disminuir el uso de agroquímicos por razones de orden económico.

En cuarto lugar, están las "**Causas de los problemas ambientales**" las cuales son señaladas por los actores sociales refiriendo elementos naturales (lluvias torrenciales; sequía; la falta de nutrientes para el suelo), lo que se interpreta como el pretexto para mantener las practicas convencionales (uso de agroquímicos), sin embargo, también se ha dado significado como causal de los problemas ambientales a las actividades del hombre lo que representa un elemento favorable para el desarrollo de escenarios sociales donde se produzca una praxis ambientalista que incluya el uso racional de los agroquímicos.

El quinto elemento es el "**Uso de agroquímicos**", en este elemento ontológico los actores informantes se han presentado como practicantes asiduos de las técnicas convencionales, lo que implica el agroquímicos de manera habitual, siendo los de uso más común: plaguicidas, venenos, agroquímicos fuertes y transgénicos, además de ser administrados en grandes cantidades. Tal realidad evidencia la necesidad de producir espacios para la formación praxiológica de los miembros de las comunidades en materia de manipulación y aplicación de productos fitosanitarios, tanto en nivel básico como cualificado con el que las familias integralmente practiquen técnicas y métodos adecuados para realizar las operaciones de manipulación de agroquímicos.

En sexto lugar se encuentra el "**Riesgos del uso de agroquímicos**", de la cual, se advierte que los actores sociales tienen poca o adolecen de percepción en cuanto a los riesgos a los que están expuestos, por una práctica laboral poco amigable de la salud humana y el ambiente. De allí, la importancia de la formación praxiológica, para la educabilidad de las familias rurales, centrando el esfuerzo en el cambio de noesis en lo que respecta al uso y manejo racional de agroquímicos, para ello, necesario resulta, que la implementación de escenarios praxiológicos educativos sensibilice a los pobladores del medio rural, como forma de revertir el falso paradigma de "sin el agroquímico no habría productividad agrícola".

El séptimo elemento de orden ontológico es el "**Desconocimiento de los riesgos del uso de agroquímicos**" el cual, guarda correspondencia con el desconocimiento de la población en lo que respecta a los derechos del ambiente, por tanto se constituye en preocupación que deberá ser abordada a la hora de hacer la formulación de iniciativas para el desarrollo rural, pues, es precisamente la construcción del conocimiento apto, el elemento esencial para responder de manera más efectiva a las necesidades del territorio, en las dimensiones social-económica-ambiental.

El octavo elemento ontológico está determinado por las "**Afectaciones por el uso de agroquímicos**" señaladas de forma sintetizada por los actores sociales en dos circunstancias generalizadas, a saber: "envenenamiento y muerte e intoxicaciones", sin más explicaciones que las que se desprenden de sus experiencias con familiares, trabajadores o vecinos. Es decir, los actores sociales informantes, no han hecho referencia a que el uso de agroquímicos tiene como consecuencias: problemas de salud, deterioro del ambiente y la producción de productos propagadores de enfermedades cancerígenas entre otros.

Luego se encuentra un noveno elemento, el "**Desconocimiento de las afectaciones por el uso de agroquímicos**" la cual, puede considerarse devenida de la anterior por evidenciar al igual que en "Desconocimiento de los derechos ambientales" y "Desconocimiento de los riesgos del uso de agroquímicos", poca percepción en lo que respecta a las afectaciones que el uso de agroquímicos trae consigo. De allí que se insista en su abordaje, cuando se formule iniciativas de desarrollo rural sustentable, bajo el enfoque participativo, por resultar este punto elemento esencial para responder a las necesidades de las comunidades rurales.

Esta circunstancia trae consigo el convencimiento de los actores para afirmar que el uso de agroquímicos no afecta la preservación de los ecosistemas, los recursos naturales, la salud de las comunidades rurales y de los consumidores urbanos. Por tanto, está categoría se constituye en un elemento de justificación para construir el argumento procedente de la teorética praxiológica ambiental desde el enfoque sociocomunitario para la concienciación en el uso de agroquímicos.

En décimo lugar, se presenta el elemento "**Medidas para solucionar problemas**", las cuales, según los informantes clave es necesario tomarlas considerando los aspectos de organización, precaución, protección y formación para que las familias y la comunidad, lleven a cabo acciones con base en la socialización del conocimiento al solucionar los problemas presentes. Esta postura, se corresponde con la intención doctrinaria del Estado venezolano en cuanto a que la solución de los problemas, debe abordarse a partir de la generación de planes para el desaprendizaje y re-aprendizaje que potencien la defensa efectiva de la naturaleza. Sin embargo, algunos productores adolecen de percepción a la hora de considerar medidas que puedan contribuir a solucionar los problemas devenidos por las prácticas agrícolas poco amigables con el ambiente.

El décimo primer elemento viene dado, por el "**Desconocimiento de medidas para solucionar problemas**", la cual, se entrama al conjunto de preocupaciones que han de ser abordadas cuando se desarrollen las iniciativas que busquen el desarrollo de la formación praxiológica de los miembros de las comunidades en materia de manipulación y aplicación de productos agroquímicos, tanto en nivel básico como cualificado, ya que llegar a una praxiología ambientalista implica el vencer las limitantes cognitivas que puedan presentar los actores sociales.

Como décimo segundo elemento ontológico está el "**Interés en aplicar soluciones**" la cual, muestra que la mayor parte de la comunidad tiene "máximo interés" en aplicar soluciones a los problemas devenidos del uso de agroquímicos. Para ello, consideran los actores sociales como simiente: la concientización de las personas mediante una formación gratuita y de calidad que produzca el cambio para que se desarrolle la actividad agrícola con base en el uso de fertilizantes naturales y biocontroladores.

Finalmente el décimo tercer elemento es el "**Desinterés en aplicar soluciones**" en el cual, se ubica a aquella parte de la población (más reducida que la de la categoría precedente), que manifiesta "no tener interés alguno" a la hora de considerar la aplicación de soluciones a los problemas devenidos por las prácticas agrícolas convencionales. Sin embargo, siempre resultará presente a todo proceso social la resistencia al cambio, por ser ello, parte de la naturaleza humana. Al respecto, se deduce que el éxito de la "praxis" ambientalista terminará por incorporar a aquellos que muestren resistencia, dado que el fin de la praxiología ambientalista es la concienciación sobre las prácticas rutinarias en la relación con el entorno.

En este sentido y partiendo de este conglomerado de elementos existentes en la noema de los pobladores se procede a redactar el argumento procedente para construir la teorética praxiológica ambiental desde el enfoque sociocomunitario para la concienciación en el uso de agroquímicos.

MOMENTO V

ARGUMENTO PROCEDENTE: TEORÉTICA PRAXIOLÓGICA AMBIENTAL DESDE EL ENFOQUE SOCIOCOMUNITARIO PARA LA CONCIENCIACIÓN EN EL USO DE AGROQUÍMICOS.

Prologo

Con el primer quinto del siglo XXI recorrido por la humanidad, el mundo sigue preguntándose acerca de una problemática muy compleja: el manejo de los agroquímicos. Esto es, dado la utilización de una amplia gama de productos, que informan categorías toxicológicas de amplio espectro, por resultar entre otras circunstancias: de la mezcla de diferentes sustancias en una misma aplicación, los malos hábitos de operadores y aplicadores, la inadecuada disposición final de envases, empaques y residuos. Estas situaciones ocasionan el aumento de casos de morbimortalidad, contaminación de suelos, aguas, aire y alimentos.

En respuesta a esta situación, desde diferentes organizaciones científico-sociales y sobre todo desde los Poderes públicos constituidos, como instancias asesoras, articuladoras y reguladoras en materia ambiental para sus respectivas sociedades locales, regionales y nacionales, se han impulsado diversas propuestas con el propósito de construir dovelas que contribuyan al florecimiento de una cultura ambientalista que realmente lleva al uso y manejo mesurado y pertinente de agroquímicos cuando se desarrolla actividad agrícola, piscícola y pecuaria.

Al respecto, se debe partir del hecho que la agricultura convencional basada en el uso de agroquímicos, como forma unilateral por parte del productor agrícola para el manejo de plagas, deviene en el hecho de no ser una agricultura que existe realmente, incluso, puede decirse que en las unidades de producción agrícola familiar, donde el uso de agroquímicos se supone intensivo, en alguna medida se usan controles culturales y biológicos. En este sentido, la forma en que estos o aquellos tipos de manejos se empleen no representa el problema de fondo, ya que no se trata de "uso" versus "no uso", sino más bien del enfoque que los productores agrícolas y sus familias empleen para diseñar la actividad de sus respectivas unidades de producción.

Así las cosas, el enfoque "productivista" siempre buscará altos rendimientos y "calidad" a un bajo costo como primera meta y resolver sobre la marcha los problemas de plagas, malezas y otros desbalances que se vayan presentando. Desde luego que esta postura, como se ha dicho reiterativamente, ha sacrificado la defensa natural de la biodiversidad y los elementos del ambiente, en pro del desarrollo potencial de alto rendimiento. Por ejemplo, la aplicación de agroquímicos, ha relegado a un segundo plano el papel de algunas especies vegetales silvestres que han servido de refugio a los enemigos naturales de las plagas y malezas.

Por otra parte, debido a la respuesta espectacular que se obtiene en un cultivo, al aplicarle fertilizante sintético altamente concentrado, la fertilización orgánica y natural fue relegada y con ello, los beneficios adicionales naturales de la materia orgánica, como fuente de agentes antagonistas a los habitantes perjudiciales e infecciosos de los suelos. A todo esto ha llevado el uso excesivo e irracional de los agroquímicos. Afortunadamente, la noesis ética del ser humano, ha conquistado algunos espacios, donde la agricultura desarrollada bajo el enfoque productivista, ha tenido que ir cediendo poco a poco espacio a prácticas agrícolas y pecuarias, que buscan dar lugar a una agricultura más racional y sustentable, donde se equilibré lo productivo, lo social y lo ecológico-ambiental.

Varios son los factores responsables para que iniciándose el quinto lustro del siglo XXI, se continúe luchando desde el episteme ético para lograr esa transformación que lleve al manejo agroecológico de la salud del ambiente y por consiguiente del ser humano, quien al fin y al cabo es el beneficiario más directo de los frutos que produce la naturaleza. Entre esos factores, se puede mencionar: los efectos nocivos creados por esa agricultura convencional (productivista); los elevados precios de los agroquímicos; la mayor concienciación de los productores agrícolas y los consumidores; la investigación científica, incluyendo el desarrollo de técnicas agroecológicas emparentadas con los saberes ancestrales para el manejo de plagas y malezas.

Igualmente han influido, las experiencias comunitarias desde la agricultura orgánica, agricultura urbana-organopónica, otras... y sobre todo el apoyo oficial que las organizaciones vienen prestando a las corrientes ambientalistas. En este orden y dirección, el descrito uso excesivo e irracional de agroquímicos, ha llevado a problemas bien conocidos y registrados en la tradición literaria-científica post-revolución verde, los caules, se han encargado de generar mala reputación a estos productos, a la luz de colorariamente mitificar los procedimientos naturales. Con relación a todo ello, la teorética praxiológica ambiental desde el enfoque sociocomunitario para la concienciación en el uso de agroquímicos, pretende en primer lugar aclarar algunos puntos de confusión en cuanto a los agroquímicos, asi como desmitificar y poner en perspectiva el uso de los procedimientos naturales.

En segundo lugar, aportar una visión sobre el papel que pueden jugar los agroquímicos en las "prácticas agroecológicas", las cuales, lamentablemente han sido usurpadas por los promotores de la agricultura orgánica, para describir una agricultura que en realidad se informa más "naturalista" que "ecológica". En tal sentido, para evitar confusiones se llamará "praxiológica ambiental" a aquella postura que aboga por una agricultura racional que sin ser orgánica resulta ecológica y socioambientalmente responsable y ética. Por último, la teorética praxiológica ambiental desde el enfoque sociocomunitario para la concienciación en el uso de agroquímicos, persigue exponer un modelo como aportación técnico-operativa para que los productores agrícolas se concienticen para la aplicación de soluciones a los problemas que ocasiona el uso de agroquímicos.

Fundamentación teórica del argumento procedente anunciado

La teorética praxiológica ambiental desde el enfoque sociocomunitario para la concienciación en el uso de agroquímicos, tiene su sustentación teórica en diversas dimensiones de orden axiológico, estos son a saber:

El orden **epistemológico**, ya que constituye la construcción de conocimiento y saber a partir del racionamiento y el desarrollo metodológico en franca oposición a toda postura que se fundamente paradigmáticamente en la simplicidad conceptual, la cual, aborda las incertidumbres negando los parámetros: pluriaxiomáticos, multivisionarios y transversales que subyacen en toda realidad social y manteniendo una postura única fragmentaria y reduccionista del conocimiento.

El orden **Socioeducativo**, por ser teorética praxiológica ambiental desde el enfoque sociocomunitario, una postura cuyos postulados conducen a lograr escenarios formativos en cuanto a los social, económico y ambiental, en atención a la integralidad de los conceptos de sociovinculación en los entornos locales, regionales y nacional, para el logro de la participación efectiva, consciente, solidaria y protagónica que construyan el compromiso social para el desarrollo del desarrollo endógeno y sustentable en las comunidades rurales y urbanas.

El orden **ontológico,** porque la teorética praxiológica ambiental desde el enfoque sociocomunitario, se propone que desde la naturaleza existencial del ser humano y los distintos niveles de realidad en los que interactúa con sus congéneres y con el entorno, se produzcan categorías y relaciones fundamentales de "ser siendo" entre los miembros de la comunidad, para la construcción de conocimientos y saberes en franco dialogo entre la cultura popular y la ciencia, para definir los elementos constitutivos de la "praxis" de vida.

El orden **heurístico**, porque la teorética praxiológica ambiental desde el enfoque sociocomunitario, se ha construido con la finalidad de establecer medios, principios, estrategias, leyes para alcanzar soluciones efectivas y eficaces al problema que representa abordar los efectos nocivos devenidos de la agricultura convencional (productivista); la legislación sobre los agroquímicos; la concienciación de los productores agrícolas y los consumidores; la investigación científica y el desarrollo de técnicas agroecológicas y, el dialogo de saberes para el desarrollo de la agricultura.

El orden **filosófico:** la teorética praxiológica ambiental desde el enfoque sociocomunitario se encarga de responder a las incertidumbres de quienes se encuentran meditando acerca del desarrollo sustentable, la racionalidad tecnológica, el desarrollo humano y los derechos ambientales como elementos esenciales a la construcción de escenarios socialmente pertinentes, en los cuales:

(1) Los productores rurales desarrollen su actividad productiva con espíritu de ciudadanía ambiental, corresponsabilidad y protagonismo en la construcción de escenarios de desarrollo sustentable

(2) Los miembros de la comunidad (todas las familias) participen protagónicamente en los procesos de organización y toma de decisión que se llevan a cabo en la comunidad.

(3) Se fomente por la interactuación comunitaria el pensamiento crítico, el espíritu emprendedor, la cultura ambientalista, la racionalidad tecnológica, la cooperación y el bien común, así como el potenciamiento de la comunidad ante los procesos emergentes que sean del interés de todos.

(4) Se difunda transgeneracionalmente la cultura ambiental mediante la praxis cotidiana que integren en cada congénere humano el pensamiento para la intersección noética constituida por las fases de: observación; arbitraje; procedencia y reposición creacional, de tal manera que cada quien este en condiciones de producir respuestas a cuanta incertidumbre se produzca en la realidad circundante.

El carácter **teleológico**, del cual, se desprende que la teorética praxiológica ambiental desde el enfoque sociocomunitario, se hizo a los propósitos que se persigue con la declaración de los Derechos Humanos, la doctrina civilizatoria y, el objetivo histórico V del Plan de la Patria 2019-2025 en el caso específico de la República Bolivariana de Venezuela, donde se expresa:

> 5.1. Construir e impulsar el modelo histórico social ecosocialista, fundamentado en el respeto a los derechos de la Madre Tierra y del vivir bien de nuestro pueblo desarrollando el principio de la unidad dentro de la diversidad, la visión integral y sistémica, la participación popular, el rol del Estado-nación, la incorporación de tecnologías y formas de organización de la producción, distribución y consumo, que apunten al aprovechamiento racional, óptimo y sostenible de los recursos naturales, respetando los procesos y ciclos de la naturaleza.

Todo ello en función de una cultura ambiental que promueva el desarrollo sustentable donde elementos como la lucha contra la desertificación; detener e invertir la degradación de las tierras y, detener la pérdida de biodiversidad, suponen una postura ético-ecológica de las personas, en virtud que esto representa el gran desafío para el desarrollo sustentable y la afectación a las vidas y medios de subsistencia de las personas a nivel planetario. En consecuencia, la postura teleológica que se ha asumido en la teorética praxiológica ambiental desde el enfoque sociocomunitario, supone el precedente de una nueva perspectiva que fundamenta las atribuciones funcionales en las propiedades de las organizaciones sociales.

En el grafico 17 se presenta la visión holográfica de la fundamentación teórica del argumento procedente para construir la teorética praxiológica ambiental desde el enfoque sociocomunitario para la concienciación en el uso de agroquímicos.

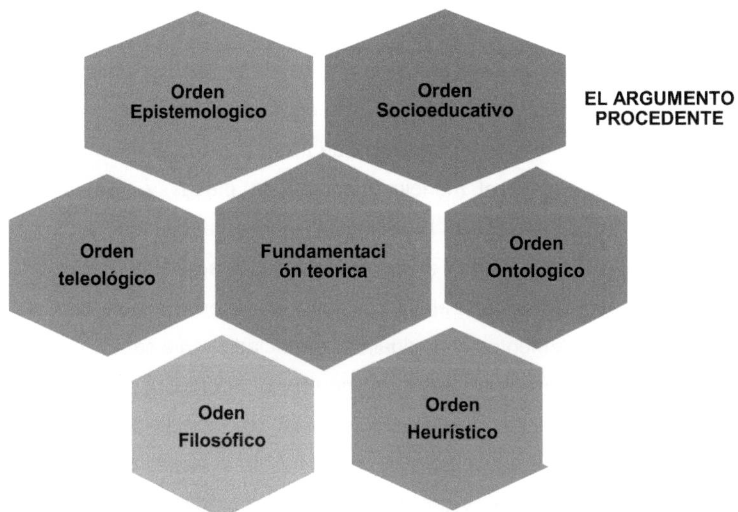

Gráfico 17. Fundamentación teórica de la teorética praxiológica ambiental desde el enfoque sociocomunitario para la concienciación en el uso de agroquímicos.
Fuente: Autor (2020)

Relacionado con lo anterior, surge un conjunto de razonamientos lógicos, conceptuales y metódicos de orden abstracto que basados en el análisis perspectivo de la realidad actual explican los conceptos propios del entramado epistémico relacionado con los agroquímicos y su relación con las actividades productivas, la salud humana y el ambiente, para construir la la teorética praxiológica ambiental desde el enfoque sociocomunitario para la concienciación en el uso de agroquímicos.

La orientación para el uso racional de los agroquímicos desde una perspectiva agroecológica, transdisciplinar y compleja

Aproximarse al conocimiento sobre lo perjudicial o beneficioso que resulta usar agroquímicos en la actividad agrícola y pecuaria, implica en principio abordar hasta donde estos permiten a los agricultores vigilar y controlar las plagas en sus campos, Al respecto, es necesario iniciar el debate analizando la dualidad refuta conceptual que confronta las posturas en cuanto a las bondades y perjuicios que traen consigo la aplicación de las distintas técnicas para el manejo y control de plagas y que da pie, al desarrollo de la teorética praxiológica ambiental desde el enfoque sociocomunitario para orientar el uso racional de los agroquímicos desde una perspectiva agroecológica, transdisciplinar y compleja En este sentido, se propone que los elementos de la dualidad anunciada son a saber:

A.- Confrontación entre agricultura ecológica y agricultura orgánica: el cual, establece que el manejo de la actividad agrícola y pecuaria ha de incluir aspectos como el diseño de sistemas equilibrados en los cuales se considere la salud ambiental y humana, así como el uso racional de sustancias sintéticas y/o naturales. Al respecto la "agricultura ecológica" supone entender y utilizar los principios ecológicos en una forma racional minimizando el daño al ambiente y sus componentes asi como al ser humano.

Tanto en "agricultura orgánica" como en la "praxiológica ambiental", se pueden emplear los principios ecológicos y las practicas regenerativas del ambiente. Se quiere decir, nadie impide a un productor (independientemente de la magnitud de su unidad de producción) praxeólogo ambiental, incorporar materia orgánica, fabricar compost, utilizar variedades resistentes y rotaciones adecuadas a sus cultivos, o emplear la medicina naturista en el rebaño, si se trata de la producción pecuaria.

Por tal razón, la sustitución de agroquímicos sintéticos e industrializados por materia prima natural o manufacturaciones artesanales naturales, es la única técnica que diferencia a la "agricultura orgánica" de la "praxiológica ambiental" o de los sistemas identificados como racionales. Todas las demás técnicas productivas a las que se recurre en la agricultura orgánica, son susceptibles de ser compartidas en los sistemas racionales manejados bajo la "praxiológica ambiental". Indudablemente, sabido es que en la agricultura orgánica, se emplean exhaustivamente los principios ecológicos, los cuales informan que aún en los sistemas agrícolas más equilibrados, "...los organismos fitófagos pueden alcanzar niveles destructivos" (Burdón. 1993. p. 305).

De lo anterior se desprende que resulta ilógico pensar que tal riesgo no se corre en los agroecosistemas, de modo que siempre está latente la posibilidad de que concurra un evento donde determinada plaga o maleza, produzca daños de orden económico y en tal razón requerirá de la aplicación de un agroquímico (plaguicida o pesticida). En esta situación, la agricultura orgánica ha recurrido al uso de plaguicidas naturales, negando el uso de agroquímicos sintéticos. Al proceder de esta manera, la agricultura orgánica ha perdido una herramienta que permitiría hacer un manejo agroecológico de las plagas, más eficiente y saludable que el que practica.

La aseveración precedida, parece contradictoria, sin embargo, tal vez podrí serlo hace algunos años, pero hoy día no lo es, ya que en primer lugar, los agroquímicos sintéticos modernos que se han desarrollado durante la última década, devienen con controles de seguridad mucho más eficaces que los que se producían antes, y en ese sentido como lo afirma Arauz (1996) "no es correcto achacarles, los defectos del DDT y de otros que ya ni existen o están en vías de extinción" (p. 8). Algunos agroquímicos de última generación, poseen una caracterización de los órdenes toxicológico y agroecológico que les hacen mucho más amigables al ambiente que muchos de los extractos vegetales y productos minerales usados para el combate de las plagas en los sistemas de agricultura orgánica.

Por otra parte, en la agricultura orgánica, se suele usar extractos vegetales, productos materiales y otras producciones artesanales que en ocasiones tienen efectos erráticos y consecuencias negativas desconocidas. De ahí que desde la "praxiológica ambiental", en tanto agricultura racional, se considere más adecuado el término "naturalista" que "ecológico" cuando se hace referencia a los sistemas agrícolas orgánicos, pues, la ecología, concebida como la ciencia que se encarga del estudio de las relaciones entre los organismos bióticos y a su vez de estos con el entorno, resulta mucho más que el naturalismo. En consecuencia, la aplicación de los principios ecológicos a los sistemas agrícolas y pecuarios, requiere un conocimiento profundo de los fenómenos que se presentan a nivel de individuos, poblaciones, comunidades y todo el ecosistema.

B.- Confrontación agroquímicos sintéticos y agroquímicos naturales en el manejo ecológico de plagas y malezas, hace necesario a la presente argumentación, explicar cómo en numerosos casos, los agroquímicos sintéticos, pueden resultar o ser más adecuados que los extractos vegetales y productos minerales usados para el combate de las plagas, por supuesto, siempre manteniendo la postura de la aplicación de los principios agroecológicos presentándoles desde la tradicional perspectiva de los niveles jerárquicos contemplados para la organización ecológica, iniciando en el individual hasta estructurar el nivel comunitario o poblacional que comprende todo el ecosistema. Al respecto, los conceptos esenciales para el **nivel individual** comprenden en el caso de los cultivos:

(a) *La planta*, cuya defensa contra las plagas se fundamenta en una serie de armas químicas naturales o sintéticas, producto del metabolismo secundario. Las reacciones bioquímicas que llevan a la producción de las sustancias autodefensivas de la especie vegetal, están íntimamente ligadas a su nutrición y muy especialmente a los elementos menores. En ese orden y dirección, la industria agroquímica ha producido diversos fertilizantes de aplicación tanto en el suelo, como en la zona foliar, cuya concentración y efecto fisiológico conocido y absorción mejorada, permiten corregir deficiencias nutricionales de forma eficaz.

(b) *La plaga,* concebida como cualquier organismo que cause daño a la biodiversidad animal-vegetal y los seres humanos y sus actividades. La fisiología de muchas plagas, entre otras, insectos, malezas, hongos, otras, ha sido estudiada. En este sentido se puede afirmar que gracias al conocimiento construido desde la fisiología de la plaga, se han podido producir agroquímicos sintéticos, con mecanismos de acción específicos que son la base de la alta selectividad de muchos productos agroquímicos en la actualidad.

Por otro lado, los conceptos esenciales para el **nivel comunitario o poblacional,** se estructuran a partir de las características de las poblaciones naturales e incluyen el desarrollo, el cual, depende enteramente de las tasas de natalidad, mortalidad y migración, asi como de las estructuras de edades y genética de la siguiente manera:

(i) *Desarrollo:* el uso del desarrollo de una población de como indicador para la aplicación de un agroquímico sintético (por ejemplo umbral), requiere de productos eficaces y con un elevado grado de confiabilidad. Específicamente, en el caso de los fitopatógenos, resulta imperativo el uso de productos con capacidad curativa. Estas características son menos predecibles en los "agroquímicos naturales" que en los "agroquímicos sintéticos"

(ii) *Estructura de edades:* emplear productos determinados para las distintas fases en el desarrollo de una plaga, facilita llevar a cabo un combate selectivo aprovechando el conocimiento sobre la estructura de las edades de la población. Al respecto y a amanera de ilustración, si la mayoría de las lesiones de una enfermedad fungosa en un cultivo, se encentra en una etapa prerreproductiva, es decir que aún no haya esporulado, el fungicida a aplicar será diferente al que si ya en la gran mayoría del tejido en la mayor parte del tejido enfermo, el hongo ya está esporulando. Este discernimiento solo es posible, si se conoce concretamente la forma como actúa el fungicida. La forma de actividad de los agroquímicos sintéticos, es bastante conocida, caso contrario ocurre con los "agroquímicos naturales"

(iii) *Estructura genética:* las poblaciones naturales se caracterizan por poseer una estructura genética diversa que incluye múltiples y diversas respuestas las sustancias que les son adversarias y contraproducentes. Tal

heterogeneidad, abre a las poblaciones-especies la posibilidad de adaptación y resistencia a los agroquímicos, ya sean estos sintéticos o naturales. En este sentido, el conocimiento científico sobre modo de acción de bioquímico de los agroquímicos sintéticos, ha brindado la posibilidad de diseñar frecuencias y secuencias racionales de aplicación que impidan la selección subpoblaciones resistentes o inmunes al producto que se aplica.

Lo anterior no es el caso de los "agroquímicos naturales", a los cuales, las plagas también terminan adaptándose. Se quiere decir, que al no conocerse el modo de acción bioquímico de las manufacturaciones artesanales naturales o biocontroladores, cualquier frecuencia y/o secuencia que se emprenda será más empírica que racional. En tanto, se contradice a la "praxiológica ambiental", la cual, deviene del precepto de agricultura racional, como ya se ha dicho.

(iv) En lo que respecta a los conceptos esenciales para el **nivel interacciones entre poblaciones**, se tiene que al basarse en las sustancias de defensa producidas por las especies vegetales y que afectan indistintamente a las plagas y a sus enemigos naturales, los "agroquímicos naturales" se constituyen en venenos de amplio espectro, por ejemplo, la nicotina o la piretrina, mientras que los "agroquímicos sintéticos" dado su alta especificidad, exponen alta capacidad selectiva tanto a los enemigos naturales como a microorganismos descomponedores. Incluso, algunos productos de vieja data como los organofosforados, presentan cierto grado de selectividad a los enemigos naturales de las plagas. Con relación a esto cabe mencionar: es bien conocido el hecho que los ácaros depredadores fitoseidos, no se ven afectados por los "agroquímicos naturales"

Si se considera la diversidad de cultivos como una característica deseable para el equilibrio de un agroecosistema, es de esperarse que una alta diversidad de plagas, malezas y ciclos de desarrollo de las mismas hagan presencia a lo interno del sistema. Así las cosas, la alta especificidad de los "agroquímicos sintéticos" modernos, supone la posibilidad de escoger opciones específicas para necesidades específicas del cultivo, del suelo y por supuesto del agricultor que es en fin el beneficiado del fruto que se produzca.

(v) En cuanto a los conceptos esenciales para el **nivel agroecosistemas**, se ha de caracterizar dos subniveles ineluctables que son: la **preservación del ambiente,** ya que una de las críticas, muy válidas por cierto, que se han señalado al uso de "agroquímicos sintéticos" ha sido sus efectos en el ambiente. En efecto, se han producido verdaderos y enormes desastres ecológicos, que en unos casos están relacionados con el "uso irracional" y en otros con "problemas inherentes a los productos" que se emplean en la agricultura.

En el caso del "uso irracional", el papel que deberían jugar los procesos de educación, legislación y control social, resultan evidentes por razones obvias, mientras que en el caso de los "problemas inherentes a los productos", los procesos de regulación de los productos peligrosos y la evolución de la industria agroquímica para hacer mejores y más amigables al ambiente los productos sintéticos, son las dos herramientas esenciales para evitar atentar contra la salud del ambiente. Hace ya, varias décadas, se salieron del mercado de agroquímicos productos como el DDT, DBCP y otros tristemente famosos y nada celebres y, se ha visto, como se viene impulsando desde la industria agroquímica, postulados tendientes al abordaje de los aspectos de seguridad ambiental en la elaboración de los nuevos productos.

Sobre los particulares anteriores, autores como Rocha, 2017; Matías e Itáti, 2017 y, Mena, 2020, coinciden en afirmar que es un error creer que los "agroquímicos naturales" estén exentos de un peligro al ambiente, y que debido a este traspié conceptual, en la mayoría de los casos, estos productos están excusados de regularse por parte de los organismos competentes en materia ambiental, lo que se traduce en un incremento del riesgo potencial de su uso. Al respecto, quien aquí escribe, se atreve a afirmar, que tal error, entraña como verdadero peligro el que se llegue al uso descuidado de productos que pueden resultar nocivos al ambiente.

Observaciones de campo como las realizadas por Vandenbulcke, 2018, permiten afirmar que entre los productos naturales que pueden resultar nocivos al ambiente, se encuentra la abamectina, insecticida, acaricida y antihelmíntico de acción translaminar ampliamente utilizado en la agricultura familiar. Este "agroquímico natural" es extremadamente toxico a peces, toxico a abejas y medianamente tóxico a aves. Igualmente, unos años antes Berenguer *et al.* 2013, advirtieron que el extracto de Neem, también es toxico a la fauna acuática.

Tales demostraciones, sirven de simientes para presumir que los productos naturales de origen orgánico se degradan fácilmente en el ambiente, pero, esto en muchos casos, no se conoce y esta suposición puede representar riesgos potenciales. Por otra parte, con los productos naturales de origen mineral como por ejemplo el caldo de bordelés, cuyos ingredientes son sulfato de cobre y cal hidratada y agua, se conocen casos de persistencia en el suelo con efectos nocivos.

El otro subnivel que compone los conceptos esenciales para el **nivel agroecosistemas**, es el referido a la **salud humana**. Desde este contexto se informa que los efectos de los "agroquímicos sintéticos" en la salud de las personas están bien documentados desde hace tiempo y que muchos de estos productos (en su memento y cuestionamiento), han salido del mercado, así como también un gran número de ellos han sido colocados en "listas negras" por parte de los entes reguladores. Tal situación ha llevado a que por lo general, se haya aceptado que los productos peligrosos deban desaparecer y los menos nocivos deban regularse

Precisamente porque sus efectos en el ser humano son conocidos, es que estos productos han sido regulados, pero este no es el caso de los "agroquímicos naturales". En tal sentido, muchos efectos tóxicos de los productos naturales, son bien conocidos, tal vez lo suficiente como para declararles peligrosos y por consiguiente proceder a regularles. Entre otros, se puede citar como ejemplo: el toxafeno, derivado del aceite de pino ya prohibido en el mercado global, la abamectina y la nicotina. Sin embargo, es bueno aclarar que aún hoy, los efectos crónicos no se han develado al mundo. Sobre este particular, Berenguer *et al.* (2013) han informado:

> el producto azaridachtin, compuesto químico natural que pertenece a los limonoides obtenido del aceite de Neem, es considerado bastante inocuo, pues su toxicidad aguda es bastante baja. Sin embargo, los estudios desarrollados durante las últimas dos décadas, coinciden en documentar su potencial carcinogenecidad. (p.88)

Es decir, el establecimiento de los niveles de tolerancia en los alimentos, requiere de conocer el denominado "nivel de no efecto" de un agroquímico, en animales de experimentación, pues, al no existir esta información, no es posible determinar "niveles de tolerancia" exponiéndose los consumidores a riesgos de proporciones desconocidas. Al respecto, debe señalarse el estudio de Vandenbulcke (2018), quien señala que solo han sido 82 "agroquímicos naturales" (sustancias de autodefensa de las especies vegetales), las que se habían estudiado para esa fecha, con relación a la carcinogenecidad en animales de laboratorio. De esos compuestos, 47 resultaron carcinógenos. Por otra parte, los "agroquímicos sintéticos" modernos requieren de un riguroso y exhaustivo proceso de evaluación toxicológica antes de ser autorizada su producción y aplicación.

En síntesis la orientación teórica para el uso racional de los agroquímicos desde una perspectiva agroecológica, transdisciplinar y compleja, conlleva a afirmar que la "agricultura orgánica" ha resultado fundamental para el desarrollo agrícola sustentable y mucho deben aprender de ella los partidarios de la "agricultura convencional" si se quiere que esta llegue a ser sostenible. Al respecto, el autor difiere de aquellas posturas que afirman la "agricultura orgánica" y la "agricultura convencional" son antagónicas. Es posible que hace algún tiempo se presentasen como opuestas, pero hoy día la "agricultura convencional" ha ido incorporando más elementos de manejo agroecológico de las plagas, malezas y del agroecosistema en general y acercándose a los sistemas agrícolas racionales.

Por otra parte, la "agricultura orgánica" ha venido adoptando elementos basados en la "agricultura convencional", como por ejemplo el manejo integrado de plagas. De allí que se pueda afirmar que las barreras entre ambos sistemas son cada vez más de orden psico-social que científico-tecnológicas y más producto de la imposición ideológica que de la racionalidad. En tal sentido, cierto es que el uso de "agroquímicos naturales" ofrece la gran ventaja de ser génesis de una agroindustria basada en materiales locales renovales, pero, por lo demás, no representa la panacea para la solución de los problemas asociados al uso de agroquímicos.

En el mismo orden de ideas, la mitificación de los "agroquímicos naturales" podría estar causando problemas mayores a los que imagina el general de la población. Por tanto, la solución está en desarrollar una verdadera "agricultura ecológica", que sustentada en el enfoque participativo y desarrollada mediante una "praxiológica ambiental", juegue un importante rol para el uso racional de agroquímicos independientemente de su origen natural o sintético. En tanto, debe recordarse que lo natural no siempre es bueno ni lo artificial malo ya que, lo artificial representa el arte, la ciencia y toda manifestación creadora del hombre.

Entendiendo la teorética praxiológica ambiental desde el enfoque sociocomunitario para la concienciación en el uso de agroquímicos

En precedente se ha aclarado algunos puntos de confusión en cuanto a los agroquímicos naturales y sintéticos y se ha pretendido desmitificar para poner en perspectiva el uso de los procedimientos naturales. Además, de haberse aportado una visión sobre el papel que pueden jugar los agroquímicos en las “prácticas agroecológicas”, corresponde en esta parte del argumento, poner de manifiesto los elementos que permitan entender como la teorética praxiológica ambiental desde el enfoque sociocomunitario para la concienciación en el uso de agroquímicos, resulta una proposición de provecho para las familias rurales en los tiempos presentes.

Al respecto, como se ha reiterado durante todo el argumento, el uso de agroquímicos naturales y sintéticos ha generado beneficios concretos en la producción agrícola a nivel mundial, pero el empleo inadecuado de los mismos expresados en términos de tipos de agroquímicos, toxicidad, número de aplicaciones y sobredosificación ha causado diferentes formas de contaminación ambiental que afectan al suelo, agua, aire y a los productos agrícolas por la acumulación de residuos. También han generado problemas de salud en los productores debido a que ellos se ubican dentro de la población directamente expuesta, ya que como lo señala Farrera *et al.* (2004):

> los plaguicidas han ayudado a producir alimentos y fibras de manera más fácil, abundante, económica y eficiente, pero su uso intenso y desmedido ha traído como consecuencia resultados contradictorios. Por una parte, ha evitado que muchos de individuos padezcan de malaria, pero por otra, están causando efectos detrimentales para el ambiente, la salud pública y los enemigos naturales. (p. 38)

Es así como el uso permanente e inadecuado de los agroquímicos y la ausencia de medidas efectivas de prevención y manejo, han provocado la aparición de problemas de contaminación que inciden sobre la salud humana y el ambiente. Por ello, se debe desde el enfoque sociocomunitario desarrollar la concienciación de las personas sobre los daños que estos productos ocasionan y aplicar las medidas y opciones que permitan disminuir el impacto de los agroquímicos sobre la salud humana y el ambiente. Es importante destacar que la manipulación de productos agroquímicos entraña riesgos de intoxicación, la cual “...puede ser causada por la absorción del plaguicida a través de la piel, por inhalación de humos o polvo de plaguicidas o por la ingestión de estos productos" (Sandia *et al.*, 2002. p. 243).

Algunos riesgos de contaminación ambiental se deben a la naturaleza tóxica de los productos que conforman la larga lista de agroquímicos y depende de la posibilidad de contacto de sus componentes tóxicos, en cualquiera de las fases de manipulación, con alguno de los componentes ambientales sensibles a tales niveles de toxicidad. Es por ello, que la educación de las comunidades rurales en esta materia juega un papel preponderante y en ese sentido, se hacen insoslayables, los procesos de concientización, organización y capacitación de las familias campesinas, siendo este un aspecto fundamental para el uso y manejo adecuado de fitosanitarios, ya que al no estar conscientes del peligro que estos agentes tóxicos representan para su salud y el ambiente, hacen uso y manejo Inadecuados, de consecuencias muchas veces fatales.

En las comunidades rurales, la actividad económica predominante es la producción agrícola y pecuaria, donde generalmente se pone en evidencia la existencia de la problemática relacionada con el manejo, el uso y la disposición de los agroquímicos por parte de los productores agrícolas, sus trabajadores y sus familias. Sin duda que la solución a esta problemática, estriba en el desarrollo de un proceso praxiológico de concienciación ambiental (praxiológica ambiental) para el manejo adecuado de agroquímicos para la protección del ambiente y la salud de las personas involucradas con el uso y manejo de los productos agroquímicos en la comunidad rural.

Al respecto, la teorética praxiológica ambiental desde el enfoque sociocomunitario para la concienciación en el uso de agroquímicos, como alternativa de solución a la problemática contextualizada, parte de la propia comunidad, específicamente de los productores agrícolas, quienes sugieren y desarrollan un plan de acción basado en la educación ambiental comunitaria no formal, mediante el cual, los actores sociales, ejecutan una serie de encuentros, interactuaciones y una praxis cotidiana, mediante las cuales, se sensibilizan los ciudadanos (concientización ambiental) para propiciar, el manejo adecuado de agroquímicos para la protección del ambiente y de la salud de la comunidad.

Mediante la praxiológica ambiental, se plantea en primer orden capacitar a los productores agrícolas y comunidades en general, para el uso, manejo y disposición de los agroquímicos; promover el empleo de los implementos de protección adecuados para la aplicación de los productos fitosanitarios, concienciar sobre los problemas ambientales y de salud humana que ocasiona la utilización, el manejo y la disposición inadecuada de estos compuestos y orientar sobre las medidas de seguridad para disminuir su impacto en el ambiente y la salud de la comunidad.

La implementación de la praxiológica ambiental busca evitar que los actores sociales, sean susceptibles de sufrir intoxicaciones y accidentes como resultado del mal uso y manejo de los agroquímicos. Al mismo tiempo que se pretende dar cumplimiento a los postulados de la Constitución de la República Bolivariana de Venezuela (1999), la cual en su artículo 83 establece la salud como un derecho social de todos y el artículo 127, donde se señala que es un derecho y un deber de cada generación proteger y mantener el ambiente en beneficio de sí misma y del mundo futuro, así como, lo dispuesto en el artículo 305, donde se indica que el estado promoverá la agricultura sustentable como base estratégica del desarrollo rural integral a fin de garantizar la seguridad alimentaria de la población.

Igualmente, desde la praxiológica ambiental, se establecen los parámetros para materializar lo establecido en la normativa legal venezolana que rige para el uso, manejo y disposición de los agroquímicos en Venezuela. de tal forma que actores sociales utilicen los implementos e indumentarias de protección durante sus labores, apliquen las medidas de protección durante el uso, manejo y disposición de los productos agroquímicos y, hagan uso de estos en las dosis secuencias y frecuencias prescritas y cumpliendo con los plazos de seguridad, así como también se sensibilicen sobre los impactos que este problema puede ocasionar en el ambiente y en la salud.

Dentro de las estrategias de acción contempladas para que se implemente la praxiológica ambiental en las comunidades locales, se considera la utilización de materiales educativos-formativos de apoyo cuyos contenidos están relacionados con los agroquímicos, la impresión de ilustraciones y afiches y el diseño de pasatiempos, entre otros. Pero sobre todo, está la estrategia de participación ciudadana con el apoyo logístico y financiero de los organismos del Estado, el cual, tiene la obligación de fomentar las "buenas practicas agroecológicas".

La praxiológica ambiental en las comunidades locales para la concientización en el uso de agroquímicos como iniciativa de formación ciudadana consta de un conjunto de actividades educativas y formativas que se inician, con un taller motivacional, para los voceros comunitarios, quienes una vez inducidos, se transforman en multiplicadores del conocimiento construido a través de la praxis cotidiana y el trabajo colaborativo en las actividades productivas. Básicamente, el taller de inducción se estructura en cuatro (4) unidades temáticas que son: (1) Conociendo los agroquímicos; (2) Uso, manejo y disposición de agroquímicos; (3) Efectos de los agroquímicos en la salud humana y el ambiente y (4) Medidas para el manejo y empleo adecuado de los plaguicidas.

Ejecución de la praxiológica ambiental en las comunidades locales

La ejecución de actividades praxiológicas, se llevan a cabo en las comunidades locales que acepten el desarrollo de las mismas, siendo los beneficiarios directos los actores locales que participen y los indirectos todos los habitantes de la comunidad, ya que el grupo abordado para la aplicación de proyectos destinados a la praxiológica ambiental, se conforma desde el voluntariado e implica el cumplimiento de desarrollo y fortalecimiento del

Poder Popular, para el establecimiento de normas que regulen la constitución, conformación, organización y funcionamiento de la comunidad local, donde los ciudadanos y ciudadanas, ejercen el pleno derecho y desarrollan la participación protagónica.

Los principios praxiológicos ambientales como postura formativa de las comunidades locales

Como ya se apuntara en el momento referencial, teórico y conceptual del estudio teorética praxiológica ambiental desde el enfoque sociocomunitario para la concienciación en el uso de agroquímicos, la praxeología es un método distintivo al cual, providencialmente se le ha dado el significado de "ciencia de la acción". En tanto, toma como punto de partida el axioma de la acción, que informa, simplemente, que el ser humano actúa. Al respecto, actuar significa escoger un fin y usar los medios que se crean adecuados para la consecución de ese fin.

Actuar también implica el intento de trascender un estado que se considera menos satisfactorio a otro más satisfactorio. Este axioma es autoevidente y no necesita de experiencia alguna para ser demostrado, ya que cómo lo plantea Carreiro (2019) "No es autoevidente en un sentido psicológico, es decir, que se hace evidente a todo el mundo, sino en el sentido de que cualquier intento de refutación sólo lo confirma" (p. 1). En efecto, si alguien pretendiera negar el axioma de la acción sencillamente estaría "realizando una acción"; tendría un fin y para conseguirlo usaría los medios que consideraría convenientes y adecuados, vale decir: tiempo para pensar, construcción argumentativa y su presencia corpórea para desarrollar tales argumentos.

La "praxeología ambiental" como postura formativa de las comunidades locales, se construye a partir de los principios intelectuales incluidos en la categoría de la "acción humana" por medio de deducciones lógicas y dotando a los seres humanos del conocimiento teórico suficiente y necesario para interpretar la realidad, adaptarse a ella y transformarla como fin último. Uno de los elementos fundamentales de la praxeología ambiental es el individualismo metodológico, es decir, el hecho de que el análisis de la acción tiene que tener en cuenta que únicamente los individuos actúan.

El individualismo praxiológico ambiental le permite a la persona entender el carácter subjetivo de los fenómenos socio-ambientales, tales como el valor y/o la utilidad de los recursos y elementos del entorno. Al actuar, cada persona intenta alcanzar ciertas metas que cree, por alguna razón, que son importantes. La palabra "valor" se refiere a la apreciación subjetiva de su meta por parte del actor, con una intensidad que varía según la persona, el momento y la meta. Los medios son cualquier cosa que el actor, subjetivamente, cree adecuada para ayudarle a alcanzar su meta.

La "utilidad" se refiere a la apreciación subjetiva de los medios, y depende del valor concedido a la meta buscada por el actor. Valor y utilidad son dos caras de la misma moneda, ya que el valor subjetivo que el actor concede a su meta se proyecta sobre los medios que considera adecuados para alcanzarla. Otro de los rasgos característicos de la praxiología ambiental es su inclinación por el método lógico en oposición al método matemático empleado por la mayor parte de las otras metodologías. Como ha señalado Huerta (citado por Cheltenham 2008)

> el lenguaje verbal es más apropiado que las matemáticas para el estudio de la sociedad, ya que permite capturar más perfectamente la esencia de los fenómenos. El formalismo matemático no permite incorporar la realidad subjetiva del tiempo y mucho menos la creatividad humana…" (p. 54).

En ese orden y dirección, el estudio de la naturaleza, tal y como ha sido realizado por las ciencias naturales, se fundamenta en la regularidad de la concatenación de los fenómenos, razón por la cual, las entidades no humanas reaccionan siguiendo patrones regulares. Las ciencias naturales asumen la uniformidad invariable en la concatenación y sucesión de los fenómenos naturales y, por medio de la inducción, infieren de la regularidad de los eventos pasados la misma regularidad en los eventos futuros. Esta asunción es necesaria para la capacidad de predicción de las ciencias naturales.

Así las cosas, el método de investigación idealmente empleado por las ciencias naturales ha sido por excelencia el de la formulación de hipótesis que, luego, por medio de la elaboración de experimentos en los que se puede aislar y modificar un elemento manteniendo el resto invariado, pueden ser corroboradas y podrían llevar a la formación de teorías que estarían sujetas a la verificación, según el positivismo del Círculo de Viena, o a la falsación popperiana. Se quiere decir, la existencia de relaciones constantes entre distintos elementos mecánicos que pueden ser establecidas a través de experimentos es lo que permite el uso de ecuaciones matemáticas para la resolución de problemas concretos.

No ocurre lo mismo en el campo de la acción humana (en el campo praxiológico) donde, no existen tales relaciones constantes porque el ser humano presenta un comportamiento intencional, escoge los fines a los que aspira y los medios con que obtenerlos, por lo que, como señaló Von Mises (citado por Mallick. 2010), "las ecuaciones formuladas por la economía matemática constituyen una pieza inútil de gimnasia mental" (p. 347). Es decir, el análisis praxeológico realizado por medio de deducciones lógicas a partir del axioma de la acción permite al individuo entender y clarificar fenómenos socioambientales (como el uso racional de agroquímicos) muy importantes. A modo de ilustración, se muestra algunos ejemplos destacados a partir de los cuatro principios o leyes que sustentan la praxiología ambiental.

Principio de la utilidad marginal decreciente: afirma que cuanto mayor es la oferta del bien o beneficio menor resulta la utilidad que ese bien o beneficio aporta y cuanto menor es la oferta, mayor resultará la utilidad. Esto es, a menor cantidad de agroquímicos en la actividad agrícola, mayor utilidad y beneficio para el ambiente y sus componentes, para la salud de los seres humanos y, mejor calidad de vida de las personas. Se quiere decir, la "acción humana" implica por imperio, la utilización de medios para la obtención de fines. De esto se deduce, que los medios son escasos pues, si no lo fueran, no serían objetos de la acción, es decir, no necesitarían ser tenidos en cuenta para la obtención de fines.

Siendo que los medios son escasos (en este caso los recursos ambientales, biodiversidad animal-vegetal, agua, tierra), es necesario racionalizar el uso de las tecnologías que en corto, mediano o largo plazo lleven a su extinción, es decir, hay que administrarlos de manera que sirvan para la obtención de los objetivos más deseados. Esto es:

> asegurar el derecho a la vida, al trabajo, a la cultura, a la educación, a la justicia social y a la igualdad...la garantía universal e indivisible de los derechos humanos,...el equilibrio ecológico y los bienes jurídicos ambientales como patrimonio común e irrenunciable de la humanidad. (CRBV. 1999. Preámbulo)

De esto se deduce que, cuanto mayor sea la racionalidad en el uso de agroquímicos, mayor número de objetivos colectivos podrán ser satisfechos en las comunidades agrícolas, ya que la acción tiene lugar escogiendo qué fines serán satisfechos a través de la utilización de los medios. En tanto, el actor social debe ordenar jerárquicamente sus fines en una escala de valores y la acción demuestra esta jerarquía. De allí, que se valore solo cada porción física de un medio (agroquímico, sintético o natural) que tiene relevancia para la acción. Se quiere decir: los actores escogen y valoran proporciones razonables y específicas de un medio. Por ejemplo, valora de la cosecha, la semillas, el trabajo, la tierra, el fruto, las tecnologías, pero no se valora estos elementos como un todo.

En otras palabras, se valoran individual y concretamente, cada elemento al momento en que se constituye en el medio, obviando las clases a las que pertenecen cada cual. Cada elemento que entra en una acción específica se valora y ordena de forma separada, sólo cuando varios de ellos juntos entran en la acción son valorados conjuntamente. Este proceso de valoración de elementos específicos, representa la forma para superar la "paradoja del valor", otorgada casi que exclusivamente al fruto final de la cosecha.

Los teóricos clásicos no podían explicar porque la gente valoraba más un determinado elemento (el dinero producido por la cosecha), por ejemplo, que la tierra y el agua, cuando es evidente que tales elementos son más necesarios para la continuación de la supervivencia. Al respecto, tal y como explica Rothbard (2009): "...el actor no valora los bienes según clases abstractas, sino en términos de unidades específicas disponibles..." (p. 27). En consecuencia, el ser humano no se preocupa de si el "tierra y agua en general" tiene más o menos valor para él que el "el dinero producido por la cosecha", sino si, dado las existencias presentes disponible de tierra y agua y de dinero para invertir, valora más una cantidad de tierra productiva o una cantidad determinada de dinero para invertir en agroquímicos.

Las personas, suelen valorar los bienes en el margen. Si un individuo posee un determinado estatus determinado por el suministro de bienes y/o otorgamiento de beneficios y tiene que desprenderse de uno ellos, la utilidad que dejará de satisfacer con ese menor suministro u otorgamiento, será la "utilidad marginal del bien". Esta será la utilidad con la que se valore a cada elemento específico y homogéneo de ese bien o beneficio. Ese elemento del que el individuo tendría que desprenderse es el que está en el margen, por lo que se le llama la "elemento marginal".

Relacionado con lo anterior, se tiene entonces que la meta a alcanzar o el propósito a cumplir que se menos relevante en sus estadios de valoración sería la satisfacción provista por el "elemento marginal", por tanto, la "utilidad marginal". Dicha utilidad marginal se corresponde con el fin al que el actor social tendría que renunciar si sus existencias de bienes se redujeran en un elemento, para el caso que ocupa se corresponde con el excesivo e irracional uso de agroquímicos.

Este análisis marginal también se aplica a la producción por medio del "valor de la productividad marginal", el cual, consiste en la contribución, expresada en términos monetarios, de uno de los elementos o factor de producción al proceso productivo. Depende del producto tangible, material, o inmaterial producido por un factor y de la valoración otorgada a las consecuencias en cuerpo propio o ajeno del producto, es decir, la productividad marginal está determinada por el producto tangible, material, o inmaterial producido, el cual es imputado a uno de los elementos correspondientes a la existencia de bienes o beneficios, o en otras palabras, qué tanto del producto final de la acción se perdería si se eliminara uno de los elementos factoriales de la producción, en términos de vida.

Principio de los rendimientos decrecientes: por el cual se afirma que dentro de un proceso de producción en el que la cantidad de uno de los elementos factoriales de producción varía mientras la de los demás permanece constante, siempre existe una esencia óptima del elemento factorial sometido a variación. En tal sentido, si uno de los elementos factoriales se desvía de este óptimo, el producto tangible, material, o inmaterial producido o bien no aumenta, o no lo hace en proporción al aumento de la esencia del elemento factorial.

Este principio tiene un fundamento de orden estrictamente praxeológico. Los elementos factoriales de producción utilizados para producir un bien tangible, material, o inmaterial de consumo, representan medios para la satisfacción de una necesidad, satisfacción cumplida por el bien que se ha de consumir. En un proceso de producción (léase producción agrícola y/o pecuaria) también es necesaria la interactuación complementaria de más de un elemento factorial de producción, pues siempre es necesaria la utilización, al menos, trabajo-tierra-capital-tiempo. De no ser así, el bien tangible, material, o inmaterial de consumo habría aparecido y se habría consumido instantánea y mágicamente y no habría habido proceso de producción.

La necesidad de la existencia de un óptimo se deduce de la necesidad de la complementación de más de un factor de producción y de la cooperación del trabajo colaborativo de los colectivos que participan en el proceso. Si no existiera un óptimo, el bien tangible, material, o inmaterial producido se incrementaría indefinidamente al aumentar la esencia del elemento factorial, lo que significaría que se podría obtener mayores volúmenes del producto simplemente aumentando la cantidad de ese elemento factorial. Pero eso significaría que no importa lo diminuta que fuera la cantidad de los otros elementos factoriales, de los que permanecen constantes, lo único que habría que hacer sería, racionalizar en la justa medida la cantidad del elemento factorial que varía.

Así las cosas, la escasez de determinados elementos factoriales no carecería de importancia, ante la acción resiliente racional que llevaría incluso a que en determinadas circunstancias, ciertos elementos factoriales (por ejemplo, los agroquímicos) no serían estrictamente necesarios para alcanzar niveles óptimos de productividad, ya que no serían elementos factoriales de producción, dado que en el enfoque praxiológico, los medios son necesariamente escasos. Sin embargo, en un proceso de producción siempre es necesario más de un elemento factorial de producción.

Principio de la preferencia temporal: siguiendo las explicaciones de Herbener (citado por Von Mises. 2011), se puede afirmar que el ser humano, "...como un ser temporal, distingue entre "antes" y "después" y, por ello, juzga de manera diferente la obtención de un fin antes que después y prefiere la satisfacción de un fin antes que después" (p. 207). En tal sentido, la temporalidad se deduce del axioma de la acción, pues el establecimiento de las metas o el objetivo deseado y la utilización de medios para alcanzar tal "desiderátum", han de preceder, necesariamente, a la consecución del fin.

En efecto, los seres temporales prefieren la satisfacción de un fin antes a la misma satisfacción más tarde. Esto es, por la consideración de que el tiempo es escaso y, por tanto, deviene en un elemento factorial de producción que hay que racionalizar. Es por ello, que el ser humano tiende a primar la satisfacción en el presente y valora menos, esa misma satisfacción en el futuro. Tal desvaloración, del futuro consiste en desestimar la satisfacción de las necesidades de las generaciones tanto presentes como futuras.

Lo anterior, significa la prevalencia de un comportamiento que de no ser abordado por un proceso de formación praxiológica, se reproducirá de manera uniforme con relación a todas las acciones dentro de la misma estructura intertemporal (ya que únicamente consiste en una mayor valoración de la satisfacción en el presente sobre el futuro), y afectará a todas las acciones, independientemente de que el actor social decida emprenderlas o no. Al escoger realizar una acción "a posteriori", cualquier persona está demostrando que el valor de la acción en el futuro supera al valor de la acción en el presente, incluso con la desvaloración del futuro aplicado. Esto es consistente con el axioma de la acción: se escoge la alternativa más altamente valorada y se renuncia a otras menos valoradas.

El ser humano que razona sus acciones en relación con todos los aspectos de la acción sujetos a elección: fines, medios, espacio y tiempo, produce entonces una integración que se refleja positivamente hacía la sociedad en su conjunto. Así las cosas, el costo y valor agregado de los elementos factoriales de producción, están determinados por las preferencias de los actores sociales las cuales se expresan en la forma de accionar individual y colectivamente en la producción, oferta y demanda del producto tangible, material, o inmaterial producido

En el mismo orden de ideas, el costo y valor agregado de las existencias intermedias, utilizadas para producir los productos tangibles, materiales, o inmateriales, están indirectamente determinados por las preferencias de los congéneres humanos ya que los productos de la acción, generan ingresos para las personas que practican la “praxiología ambiental” que justifican las demandas que las comunidades locales tienen de existencias intermedias. En el caso que ocupa, los productores agrícolas a pequeña, mediana y gran escala, pagan por cada elemento factorial de producción, el valor físico, psicológico o económico de su contribución al proceso de producción.

Si el pago de los elementos factoriales de producción, se realiza antes de la llegada de los ingresos producidos por la acción, entonces el pago, se descuenta debido a la preferencia temporal del actor social. Este descuento del valor a futuro en relación con las existencias presente, representa el interés y determina el tipo puro de interés (que se equipara con la preferencia temporal), debido a que todo el intercambio de existencias presente por satisfacciones futuras dentro de la misma estructura de tiempo implica la preferencia temporal. Se quiere decir, el tipo puro de interés es uniforme a través de tales intercambios intertemporales.

De lo anterior se desprende que todos las existencias presentes que generan ingresos a futuro, tendrán sus costo y valor agregado determinados por medio del descuento d por el tipo las satisfacciones futuras de interés para obtener la cantidad equivalente de beneficio del presente. Este proceso de valorización resulta en un tipo de existencia de elementos factoriales de producción uniforme que consiste en la diferencia en valor presente de los productos tangibles, materiales, o inmateriales, para adquirir los elementos factoriales de producción del futuro. A este orden, se afirma que costo y valor agregado determinados, representan la base de la satisfacción futura que permite a los actores sociales considerar las acciones productivas y la inversión que las personas valoran más.

En resumidas cuentas, el principio de la preferencia temporal afirma que el ser humano prefiere como productos tangibles, materiales, o inmateriales los “bienes presentes” (existencias para su uso en el presente) a los "bienes futuros" (expectativas en el presente de bienes y beneficios de los que se dispondrá en algún momento del futuro) y que el tipo social de preferencia temporal, resultado de la interacción de los esquemas de preferencia temporal de las personas, determinará y será igual al tipo de interés puro que exista en una sociedad.

Principio de la ventaja comparativa: el cual, resulta análogo de la idea de asociación comparativa de costo y valor agregado, de la cual, para un caso específico, el de dos entes (un productor o un grupo de productores agropecuarios) que intercambian con otro ente sus existencias elementales factoriales de producción, pero en el que no hay interactuaciones comunitarias que produzcan escenarios sociales pertinentes. Cada uno de estos entes (mejor dotados para la producción de un bien o beneficio específico), resulta bastante claro que la producción total de ambos bienes tangibles, materiales, o inmateriales aumentará si cada uno de los entes se especializa en aquel bien o beneficio en el que es más productivo es y no pierde tiempo en la producción de aquellos en el que lo es menos.

De este hecho se deriva que ambos salen beneficiados si colaboran (es aquí donde prima el enfoque sociocomunitario), especializándose e intercambiando el resultado de su trabajo (cuando uno emplea racionalmente los agroquímicos, mientras otros no). Pero, ¿qué ocurre si uno de los individuos es superior al otro en la producción de ambos bienes tangibles, materiales, o inmateriales? En este caso, ambos también saldrán beneficiados si aquel que es superior se especializa en la producción del bien en el que tiene una mayor superioridad relativa y deja la producción del bien y potencia la especialización de quien tiene una menor capacidad relativa de producción.

La especialización y el intercambio benefician a ambos entes, quienes al establecerse como cooperantes, independientemente que uno de ellos sea superior en la producción de bienes tangibles, materiales, o inmateriales al otro. De allí que la especialización en la división del trabajo no supondría ninguna ventaja para los cooperantes, sino que contribuiría al desarrollo de una noema colectiva en favor de la praxiología ambiental. En el grafico 18, se ofrece una visión holística de cómo el proceso de formación praxiológica, se entrama a los principios praxiológicos para la construcción de comunidades locales concientizadas en el uso de agroquímicos.

Praxiología ambiental

Proceso de formación

Fase de la devolución creativa

Responde a:
¿Qué se aprende de lo que se hace? se asume como una representación para el tiempo futuro. Es la Consolidación del conocimiento como saber practico y valido

Fase del actuar

Se responde a ¿Qué hacer en concreto? Se operacionaliza la acción, donde los propósitos principales son la eficiencia medida en el rendimiento y la eficacia señalada por los resultados

Fase del juzgar

El actor social juzga para responder a la interrogante ¿qué puede hacerse?

Fase de exploración y de análisis-síntesis o fase del ver

incertidumbre: ¿Qué sucede?

El observador actuará respondiendo: ¿Quién hace qué? ¿Por quién lo hace? ¿Con quién? ¿Dónde? ¿Cuándo? ¿Cómo? ¿Por qué lo hace?

Principio de la utilidad marginal decreciente

Lo natural no siempre es bueno ni lo artificial malo ya que, lo artificial representa el arte, la ciencia y toda manifestación creadora del hombre.

Principio de los rendimientos decrecientes

Dentro de un proceso de producción en el que la cantidad de uno de los elementos factoriales de producción varía mientras la de los demás permanece constante, siempre existe una esencia óptima del elemento factorial sometido a variación.

Principio de la preferencia temporal

El ser humano, "...como un ser temporal, distingue entre "antes" y "después" y, por ello, juzga de manera diferente la obtención de un fin antes que después y prefiere la satisfacción de un fin antes que después.

Principio de la ventaja comparativa

Todos los actores salen favorecidos si cada cual se especializa en aquel bien o beneficio donde tiene mayor capacidad productiva.

Gráfico 18. Fases y principios para una praxiológica ambiental desde el enfoque sociocomunitario
Fuente: Autor (2020)

Epilogo

La actividad antrópica en todas las organizaciones sociales asentadas en un territorio común, suscita el fenómeno de afectación al ambiente, por tanto, una praxeología ambiental no solo implica la promoción de actividades como el ahorro de energía eléctrica en los hogares, la disminución del consumo de agua, el reverdecimiento de los territorios, el uso responsable de los medios de transporte o el empleo bajo un enfoque de racionalidad de los elementos químicos que de una u otra manera produzcan efectos en el sistema planetario, sino que involucra además un ejercicio estructurado de análisis y reflexión acerca de los procesos de planificación social y la formación de hábitos y patrones en la vida de los seres humanos y de todos los elementos casuísticos que derivan en la cuestión ambiental.

Es a este propósito que la teorética praxiológica ambiental desde el enfoque comunitario para la concienciación social sobre el uso de agroquímicos, orienta sus postulados, habida cuenta de que las ciencias praxeológicos se encuentran a disposición de una sociedad que precisa un modelo constructivista que le permita construir conocimientos para identificar, describir, analizar y reflexionar acerca de la problemática socio-ambiental. A tal fin, es necesario explicar los diferentes niveles de conciencia ambiental a partir de los patrones conductuales y de variables sociales y psicológicas de las personas.

No obstante, la toma de conciencia no solo implica la sensibilización, comunicación o difusión de mensajes entorno a la preocupación ambiental y calidad de vida de la especie humana; involucra además un cambio actitudinal en las personas que permita generar aportes en los aspectos teóricos, metodológicos y de relevancia social que faciliten una mayor comprensión del fenómeno socio-ambiental imbricado a la idea del desarrollo sustentable. Dicho esto, la concienciación se encuentra en un nivel de prioridad superior en relación con las acciones de sensibilización; pues la información acerca de la cuestión ambiental, a pesar de su importancia, no constituyen el fin último del proceso socializante y ecologista de un Estado. No en vano con el presente trabajo, el autor se propuso incrementar la toma de conciencia para dar cumplimiento a lo expresado en la tradición respecto a asuntos relacionados directamente con el ambiente y el desarrollo, en esta oportunidad destacando, las acciones que cada ser humano puede realizar como un elemento soporte para la generación de modos de vida que lleven a reducir vulnerabilidad del planeta.

Referencias

Abhinandan M. (2010) The Law of Association. Rescatado: https://bit.ly/2FYRosD Consulta [Octubre 22 de 2020]

Agencia de la Organización de las Naciones Unidas para los Refugiados (ACNUR 2008). Enfoque comunitario en las operaciones de la ACNUR. Rescatado: https://bit.ly/3e3P0gQ Consulta [enero 15 de 2020].

Alfonzo, H. (2018) Agroecología y agricultura campesina sustentable en Venezuela. Caso: sector Los Algarrobos, municipio Biruaca, estado Apure. Tesis Doctoral. Universidad Nacional Experimental de los Llanos Occidentales "Ezequiel Zamora". San Fernando de Apure.

Álvarez, P. (2020) ¿En qué consiste la Teoría Ecológica de los Sistemas de Bronfenbrenner? Rescatado: https://bit.ly/2URadTr Consulta [enero 15 de 2020].

American Academy of Pediatrics (2019). Cómo proteger a los niños de los pesticidas: información para los padres. Rescatado: https://bit.ly/2O2Tsju Consulta [Julio 6 de 2020].

Angulo, E. (2012). Política fiscal y estrategia como factor de desarrollo de la mediana empresa comercial sinaloense. Un estudio de caso. Rescatado: https://bit.ly/38zzTJd [Julio 6 de 2020].

Rothbard, M. (2009) Economy and state with power and market. Auburn. Mises Institute.

Arauz, F. (1996). Hacia un uso racional de los plaguicidas sintéticos: una perspectiva agroecológica. Recuperado de: https://bit.ly/33k300M Consulta [septiembre 10 de 2020].

Ayala, R. (2008). La metodología fenomenológica-hermenéutica de M. Van Manen en el campo de la investigación educativa. Posibilidades y primeras experiencias. México: Trillas.

Ayala, R. (2011). La esperanza pedagógica: una mirada fresca y profunda a la experiencia educativa. México: Trillas.

Bansart, A. (2013) Ecosocialismo: Información, comunicación y educación. Rescatado: https://bit.ly/38tP85B Consulta [enero 17 de 2020].

Bejarano J. (2011). Guía para la gestión ambiental responsable de los plaguicidas químicos de uso agrícola en Colombia. Editorial Paidos Ibérica. México

Benney, M., y Hughes, E. (1970). Of Sociology and the interview. Chicago. Aldine.

Berenguer, C.; Alfonso, A.; Martínez, H.; Puente, E.; Betancourt, J. y, Mora Y. (2013) Toxicidad aguda oral de Azaridachtin indica (árbol del Nim). La Habana. Universidad de La Habana.

Beroes, A. (2020). Educación ambiental como campo de acción para la integración de la conciencia social en escenarios universitarios, Tesis Doctoral. Universidad Nacional Experimental de los Llanos Occidentales "Ezequiel Zamora". San Fernando de Apure.

Bianco, G. (2020) Proyecto: Diccionario del pensamiento alternativo II. Concientización. Rescatado: https://bit.ly/2OZ96xb Consulta [enero 19 de 2020].

Bourdieu, P. (2008) El sentido de la práctica. Madrid. Siglo XXI de España.

Bourdieu, P. (1972). Esquisse d´une théorie de la pratique. Paris. Éditorial Droz.

Bourdieu, P. (2003). El oficio de científico. Ciencia de la ciencia y reflexividad. Barcelona: Anagrama.

Burdón. J. (1993).. Host-pathogen interactions in natural populations of Linum marginale and Melampsora lini. I. Patterns of resistance and racial variation in a large host population. Alburn. Evolution.

Farrera, R.; Barroso, J.; Silva, I.; Armas, C. y, Serrano, G. (2002). Educación para el manejo y uso de plaguicidas en los municipios rurales: Jáuregui y Vargas, Táchira. San Cristóbal. Universidad de Los Andes.

Carneiro, F. (Org.); Lia, A; Rigotto, M; Friedrich, A. y, Campos, A. (2015) Dossiê ABRASCO: um alerta sobre os impactos dos agrotóxicos na saúde. Rio de Janeiro: EPSJV; São Paulo: Expressão Popular. Rescatado: https://bit.ly/30yoANu. Consulta [Julio 9 de 2019].

Congreso de la República de Venezuela. (1992). Decreto Presidencial Nº 1.847. Reglamento General de Plaguicidas. Gaceta Oficial. Nº 31.877, 8 de enero, Congreso Nacional, Caracas.

Congreso de la República de Venezuela. (1998). Ley Aprobatoria del Convenio de Basilea sobre Movimiento Transfronterizo de Desechos Peligrosos y su Eliminación. Gaceta Oficial. Nº 36.396, 16 de febrero, Congreso Nacional, Caracas.

Deleuze, G. (2002). Empirismo y subjetividad. Editorial Gedisa. Barcelona.

Delgado, J.; Álvarez, A. y, Yánez J. (2018) Uso indiscriminado de pesticidas y ausencia de control sanitario para el mercado interno en Perú. Rescatado: https://bit.ly/38c6FPF. Consulta [septiembre 24 de 2019].

Díaz, O, Muñoz C. (2013) Aplicación de la GTC 34 y GTC 45 en una S.A.S. de servicios en HSEQ: estudio de caso. Base Investigaciones Sociales. Asunción.

División de Población de la Organización de las Naciones Unidas para la Alimentación y la Agricultura (FAO) (2019). Catálogo de microdatos para la alimentación y la agricultura (FAM). Rescatado: https://bit.ly/2R4tPkA. Consulta [Julio 9 de 2019].

Elver, H. y, Tuncak. B. (2017) Informe de la Relatora Especial sobre el derecho a la alimentación. Rescatado: https://bit.ly/364I1OO. Consulta [Julio 9 de 2019].

Fainholc, B., Nervi, H., Romero, R., y Halal, C. (2015). La formación del profesorado y el uso pedagógico de las TIC. *Revista de Educación a Distancia*, (38). Rescatado: https://bit.ly/2UGAmEF. Consulta [Julio 9 de 2019].

Ferrater, J. (2001). Diccionario de Filosofía. Editorial Ariel. S.A. Tomo I-(A-D). Barcelona.

Fontova, F. (2013). Comunidad, participación, salud y bienestar. Rescatado: https://bit.ly/2OXYKh6 Consulta [enero 15 de 2020].

Fontova, F. (2014). Enfoque comunitario e innovación social. Rescatado: https://bit.ly/2OXYKh6 Consulta [enero 15 de 2020].

Freire, P. (1969) Sobre la acción cultural. Editorial Icira. Santiago de Chile.

Freire, P. (1971) La pedagogía degli oppressi. Editoriale Mondadori. Milan.

Freire, P. (1972) Cultural Action for Freedom, Penguin Education, Middlesex, England.

Freire, P. (1973) L' educazione come pratica della liberta'. Editoriale Mondadori. Milán.

García, C. y Rodríguez, G. (2012) Problemática y riesgo ambiental por el uso de plaguicidas en Sinaloa. Ediciones de la Universidad Autónoma Indígena de México Mochicahui. Sinaloa.

García, M; Serrano, H. (2011). La revolución verde y sus consecuencias. Rescatado: https://bit.ly/37BIN7i Consulta [Julio 5 de 2019].

Gobierno de México. Servicio de Información Agroalimentaria y Pesquera (2019). ¿Agricultura? ¿Eso con qué se come? Rescatado: https://bit.ly/2ZR7aew Consulta [Julio 5 de 2019].

González, M. (2019). Monitoreo de insectos vectores asociados a enfermedades de cultivos de hortalizas en el Norte de Sinaloa. LV Congreso Nacional de Entomología. Riviera Maya Cancún, Quintana Roo. 366-369 pp.

Husserl, E. (1992). Ideas relativas a una fenomenología pura y una filosofía fenomenológica. Madrid: FCE.

Husserl, E. (1998). Invitación a la fenomenología. Barcelona: Paidós.

Husserl, E. (2008). La crisis de las ciencias europeas y la fenomenología trascendental. Buenos Aires: Prometeo libros.

Jaramillo, L. (2003). ¿Qué es epistemología? Revista electrónica Cinta de Moebio. Universidad de Chile, Facultad de Ciencias Sociales. Rescatado: https://bit.ly/2SOFzYe Consulta [enero 19 de 2020].

Jiménez, F. (2016). Antropología ecológica. San Juan. Universidad Metropolitana de Puerto Rico.

Juliao, C. (2013) ¿Qué es eso de la praxiología? Rescatado: https://bit.ly/2OUH1qY Consulta [enero 19 de 2020].

Juliao, C. (2002). La praxiología: una teoría de la práctica. Editorial Uniminuto. Bogotá.

Kant, E. (1966). Reflexions sur education. Éditorial Vrin. Paris:

Le Quang, M. y Vercoutère, T. (2013). Ecosocialismo y Buen Vivir Diálogo entre dos alternativas al capitalismo. Quito. Instituto de Altos Estudios Nacionales.

Leal, J. (2005). La Autonomía del Sujeto Investigador y la Metodología de la Investigación. Centro Editorial Litorama. Universidad de los Andes. Mérida.

León, X. (2018) "Soberanía alimentaria sistema agroalimentario, movimientos campesinos y, políticas públicas; el caso de Ecuador. Tesis Doctoral. Universidad del País Vasco. Donostia-San Sebastián. Rescatado: https://bit.ly/3bw9HQS. Consulta [septiembre 16 de 2019].

Lizárraga, F. (2019) Marxistas y liberales: La justicia, la igualdad y la fraternidad en la teoría política contemporánea. Buenos Aires. Editorial Biblios.

López, K. (2017). Prácticas de Salud Ocupacional y niveles de biomarcadores séricos en aplicadores de plaguicidas de cultivos de arroz en Natagaima-Tolima. Red de Revistas Científicas de América Latina y el Caribe. Antioquía

Löwy, M. (2011). Ecosocialismo: La alternativa radical a la catástrofe ecológica capitalista. Editorial Biblioteca Nueva SL. Madrid.

Maceiras, M. y, Trebolles, J. (1990). La Hermenéutica Contemporánea. Editorial Cincel Kapelusz. Segunda Edición. Bogotá.

Mansilla, C. (2017) "Impacto ambiental de la aplicación de plaguicidas en siete modelos socio-productivos hortícolas del Cinturón Verde de Mendoza. Tesis de Grado. Universidad Nacional del Cuyo. Mendoza. Rescatado: https://bit.ly/2vdLRIQ. Consulta [septiembre 21 de 2019].

Cheltenham, E. (2008) Market order and entrepreneurial creativity. Auburn. Mises Institute.

Martínez Migueles, M. (1998). La Investigación Cualitativa Etnográfica en Educación. Manual Teórico-Práctico. Editorial Trillas. Tercera Edición. México

Martínez Migueles, M. (1999). La Nueva Ciencia. Su Desafío, Lógica y Método. Editorial Trillas. México.

Martínez, M. (1996). Investigación cualitativa. El comportamiento humano. (2ª ed.). México: Trillas.

Martínez, M. (2008). Epistemología y metodología cualitativa en las ciencias sociales. México: Editorial Trillas.

Martínez, M. (2014). Ciencia y arte en la metodología cualitativa. (2ª ed.). México: Trilllas.

Martínez-Ravanal, V. (2007). El enfoque comunitario: el desafío de incorporar a las comunidades en las intervenciones sociales. Departamento de psicología. Facultad de ciencias sociales. Universidad de Chile. Santiago.

Mehsen, Y. (2019). De la gestión de riesgo en el marco del desarrollo sostenible. Buenos Aires. Editorial Metropolitana.

Movimiento Mundial por los Bosques Tropicales (2018): Agronegocio e injusticia ambiental: los impactos sobre la salud de las mujeres del campo. Residuos de plaguicidas en los alimentos. Rescatado: https://bit.ly/2stp4rp. Consulta [Julio 9 de 2019].

Organización de las Naciones Unidas para la Alimentación y la Agricultura. (2019). Informe ONU-FAO 2018, sobre el uso de herbicidas, insecticidas y fertilizantes químicos en la agricultura familiar. Rescatado: https://bit.ly/2Ny8KgA. Consulta [Julio 9 de 2019].

Organización de las Naciones Unidas para la Alimentación y la Agricultura. (2014) Código Internacional de Conducta para la Gestión de Plaguicidas. Rescatado: https://bit.ly/2NBE5Pd. Consulta [Julio 9 de 2019].

Organización Mundial de la Salud (2018) Residuos de plaguicidas en los alimentos. Rescatado: https://bit.ly/2sqY1gmConsulta [Julio 9 de 2019].

Organización Mundial de la Salud (2018). Programa Internacional de Seguridad de las Sustancias Químicas: Impacto de las sustancias químicas en la salud. Rescatado: https://bit.ly/35VaPt7. Consulta [Julio 9 de 2019].

Ortega, G. (2009). Agroecología vs. Agricultura Convencional. Base Investigaciones Sociales. Asunción.

Piaget, J. (1991). Seis estudios de Psicología. Editorial Labor. S. A. Barcelona.

Ranjan, P.(2006) Neo-Humanismo: Ecología, Espiritualidad y Expansión Mental. Editorial: Ananda Marga Publications (1ra Edición). Nueva Delhi

Retamal, M. (2019) Ecosocialismo: teoría y práctica. Rescatado: https://bit.ly/2Hrh8uA Consulta [enero 15 de 2020].

Rocha, M.; Rigotto, R. (2017). Produção de vulnerabilidades em saúde: o trabalho das mulheres em empresas agrícolas da Chapada do Apodi, Ceará. Saúde em Debate, v. 41, p. 63-79. Rescatado: https://bit.ly/2NxonEL. Consulta [Julio 9 de 2019].

Rodríguez, A. (2018) La teoría ecológica de Bronfenbrenner. Rescatado: https://bit.ly/38twJWz Consulta [Julio 25 de 2019].

Rodríguez. *et al.* 1996. p. 48 triangulación

Rondón, E. (2018) Conocimiento Científico en la Investigación Postpositivista del Siglo XXI: De lo Externo a lo Interno del Ser. Rescatado: https://bit.ly/31QQXJq [Julio 6 de 2020].

Rosario, D. (2015). Patios Productivos Modelo Sustentable de Seguridad Agroalimentaria en las Comunidades Urbanas y Suburbanas del Municipio Ezequiel Zamora del Estado Cojedes. Recuperado de: https://bit.ly/2UHg5yE Consulta [septiembre 24 de 2019].

Rusque, A. (1999). De la Diversidad a la Unidad en la Investigación Cualitativa. Ediciones FACES-UCV. Vadell Hermanos Editores. Caracas.

Sánchez, B. (2000). La Fenomenología: Un método de Indagación para el Cuidado de Enfermería. Editorial Unibiblos. Bogotá.

Sandia, L.; Cabeza, M.; Arandia, J. y, Bianchi, G. (2002) Agricultura, Salud y Ambiente. Caracas. CIDIAT. Fundación Polar.

Sartre, J.P. (1960). La critique de la raison dialectique. Éditorial Gallimard. Paris.

Schettini, P y Cortazzo, I (2018). Técnicas y estrategias de investigación cualitativa. Editorial de la Universidad de la Plata. Ciudad de La Plata.

Schön, D. (1998). El profesional reflexivo: cómo piensan los profesionales cuando actúan. Editorial Paidós. Barcelona.

Servicio de Información Agroalimentaria y Pesquera mexicano (SIAP 2019)

St-arnaud, Y. y, L'hotellier, A. (1992). Connaître par l'action. Presses de l'Universite de Montreal. Montreal.

Tabares W, Galeano A, Bolívar J. (2016) Identificación de factores de riesgo por el uso y manejo de plaguicidas que abastecen los acueductos de las cabeceras municipales de Antioquia. Red de Revistas Científicas de América Latina y el Caribe. Antioquía

Tamayo y Tamayo. (2010). El Proceso de la Investigación Científica. Editorial Limusa. México.

Van Manen, M. (1998): El tacto en la enseñanza. El significado de la sensibilidad pedagógica. Barcelona: Paidós.

Van Manen, M. (1999). The practice of practice. México: Trillas.

Vandenbulcke (2018)

Venezuela, República Bolivariana de. (2000). Constitución de la República Bolivariana de Venezuela. Gaceta Oficial Extraordinaria. Nº 5.453, 22 de abril, Asamblea Nacional, Caracas.

Venezuela, República Bolivariana de. (2001). Ley sobre Sustancias, Materiales y Desechos Peligrosos. Gaceta Oficial Extraordinaria. Nº 5.554, 13 de noviembre, Asamblea Nacional, Caracas

Venezuela, República Bolivariana de. (2002). Ley Orgánica de Seguridad de la Nación. Gaceta Oficial. Nº 37.594, 15 de diciembre, Asamblea Nacional, Caracas.

Venezuela, República Bolivariana de. (2004). Ley Aprobatoria del Convenio de Rotterdam sobre el Procedimiento de Consentimiento Fundamental Previo a Ciertos Plaguicidas y Productos Químicos Peligrosos Objeto de Comercio Internacional. Gaceta Oficial Extraordinaria. Nº 5.746, 22 de diciembre, Asamblea Nacional, Caracas.

Venezuela, República Bolivariana de. (2004). Ley de Residuos y Desechos Sólidos. Gaceta Oficial. Nº 38.068, 18 de noviembre, Asamblea Nacional, Caracas.

Venezuela, República Bolivariana de. (2005). Ley Aprobatoria del Convenio de Estocolmo sobre Contaminantes Orgánicos Persistentes. Gaceta Oficial Extraordinaria. Nº 5.754, 3 de enero, Asamblea Nacional, Caracas

Venezuela, República Bolivariana de. (2005). Ley Orgánica de Prevención, Condiciones y Medio Ambiente de Trabajo. Gaceta Oficial. Nº 38.236, 26 de julio, Asamblea Nacional, Caracas.

Venezuela, República Bolivariana de. (2008) Ley Orgánica de Seguridad y Soberanía Agroalimentaria. Gaceta Oficial Nº 5.891 de fecha 31 de julio de 2008, Asamblea Nacional.

Von Mises, L. (2009). La acción humana. Un ordenamiento epistemológico a los teoremas de la economía. Unión Editorial. Colección Biblioteca Austriaca. Unión Editorial. Buenos Aires.

Vygotsky, L. (2010). Pensamiento y Lenguaje. Editorial Paidos Ibérica. (2da edición año 2010. Traduc. José Pedro Tosaus Abadía). México.

Zambrano. A. y Román, G. (2005) El cuidar de sí como valor en Enfermería. Tesis Doctoral. Universidad de Carabobo. Facultad de Ciencias de la Salud. Doctorado en Enfermería.

ANEXOS

ANEXO A

UNIVERSIDAD NACIONAL EXPERIMENTAL
DE LOS LLANOS OCCIDENTALES
"EZEQUIEL ZAMORA"
PROGRAMA DE ESTUDIOS AVANZADOS

VICERRECTORADO DE PLANIFICACION
Y DESARROLLO REGIONAL

GUION DE ENTREVISTA

San Fernando de Apure, Junio 25 de 2020

Ciudadano:

____

Presente.-

Tengo a bien dirigirme a usted en la oportunidad de presentarme y a su vez, remitirle formal invitación para que brinde su valiosa colaboración, en el sentido de servir como informante clave, en el desarrollo del trabajo de investigación titulado **TEORÉTICA PRAXIOLÓGICA AMBIENTAL DESDE EL ENFOQUE COMUNITARIO PARA LA CONCIENCIACION SOCIAL SOBRE EL USO DE AGROQUÍMICOS**. El mismo, tiene entre sus propósitos: desvelar la visión que tienen los actores sociales del sector El Guayabo con relación al uso de agroquímicos en las unidades de producción agrícola familiar.

La información por usted suministrada es de carácter estrictamente investigativa y solo será utilizada para establecer los hallazgos del estudio, por lo que la confidencialidad de su identidad está garantizada. Al respecto, se agradece de su honorable persona la colaboración que a bien tenga brindar en la presente experiencia de construcción de conocimiento.

Gracias de antemano

Carlos Andrés Torres Ramírez

Venia del actor informante

Categoría apriorística: Derechos del ambiente y sus componentes

1. ¿Qué piensa usted cuando le hablan de los derechos del ambiente?

Categoría apriorística: uso de agroquímicos en las unidades de producción agrícola familiar

2. ¿Qué problemas ambientales observa usted en su comunidad?
3. ¿A qué cree usted se deba la existencia de estos problemas?
4. ¿Usa agroquímicos en sus labores como productor agrícola? ¿Por qué?
5. ¿El uso de agroquímicos representan algún riesgo para su familia, para la comunidad y/o para el ambiente? ¿Cuáles?

Categoría apriorística: Consecuencias del uso de agroquímicos

6. ¿Ha tenido alguna experiencia propia o conoce a alguien que se haya visto afectado o enfermado por el uso agroquímicos en la comunidad? ¿Quiere contarme?

Categoría apriorística: promoción de la concienciación sobre el uso de agroquímicos en las unidades de producción agrícola familiar

7. ¿Cree que desde la organización de la comunidad se debería desarrollar medidas para la solución de los problemas ocasionados por el uso de agroquímicos? ¿Cuáles?
8. ¿Los habitantes de la comunidad están interesados en aplicar acciones para la solución de los problemas los problemas que se producen por el empleo los agroquímicos?

ANEXO B

UNIVERSIDAD NACIONAL EXPERIMENTAL DE LOS LLANOS OCCIDENTALES "EZEQUIEL ZAMORA"

PROGRAMA DE ESTUDIOS AVANZADOS

VICERRECTORADO DE PLANIFICACION Y DESARROLLO REGIONAL

Constancia de Validación de teoría

Quien suscribe, Yorman Guillermo Mantilla portador de la cédula V-5687119. con grado académico de Philosophae Doctor en Ambiente y Desarrollo , perteneciente al personal académico y de investigación de la UNELLEZ y de la Universidad Bolivariana de Venezuela por medio de la presente doy constancia de haber efectuado la validación de la tesis doctoral titulada: **TEORÉTICA PRAXIOLÓGICA AMBIENTAL DESDE EL ENFOQUE COMUNITARIO PARA LA CONCIENCIACION SOCIAL SOBRE EL USO DE AGROQUÍMICOS**, presentada por Carlos Andrés Torres Ramírez, titular de la cédula V- 11.446.628, en los términos señalados a continuación:

CRITERIOS / NIVELES	Bajo	Medio	Alto	Optimo
Coherencia Interna: Los postulados, teoremas, y enfoques se relacionan entre sí, sin contradicciones.			x	
Coherencia Externa: Existe compatibilidad entre la doctrina que constituye la teoría y el conocimiento establecido en el mismo campo			x	
Comprehensión: Se relaciona con un amplio campo de conocimientos, presenta claridad y coherencia			x	
Capacidad predictiva: Ofrece la capacidad de ofrecer predicciones sobre lo que sucederá			x	
Precisión Conceptual y Lingüística: Claridad y coherencia, expresión estética del trabajo			x	
Originalidad: Aportes significativos y originales: presenta la teoría aportes que ha ofrecido de forma científica			x	
Pertinencia: Grado de pertinencia académica, validez científica y aplicación práctica de la teoría			x	

Al respecto, se valida la teoría como aporte fundamental de su Tesis Doctoral, a ser presentada como requisito para optar el grado de Doctor en Ambiente y Desarrollo de la Universidad Nacional Experimental de los Llanos Occidentales Ezequiel Zamora (UNELLEZ).

En San Fernando de Apure a los veintiséis días del mes de octubre de dos mil veinte.

ANEXO B-1

UNIVERSIDAD NACIONAL EXPERIMENTAL
DE LOS LLANOS OCCIDENTALES
"EZEQUIEL ZAMORA"

PROGRAMA DE ESTUDIOS AVANZADOS

VICERRECTORADO DE PLANIFICACION
Y DESARROLLO REGIONAL

Constancia de Validación de teoría

Quien suscribe, Belkys Beatriz Mendoza portadora de la cédula V-9.871. 856. con grado académico de Doctora en Educación, perteneciente al personal académico y de investigación del Ministerio del Poder Popular para la Educación por medio de la presente doy constancia de haber efectuado la validación de la tesis doctoral titulada: **TEORÉTICA PRAXIOLÓGICA AMBIENTAL DESDE EL ENFOQUE COMUNITARIO PARA LA CONCIENCIACION SOCIAL SOBRE EL USO DE AGROQUÍMICOS**, presentada por Carlos Andrés Torres Ramírez, titular de la cédula V- 11.446.628, en los términos señalados a continuación:

CRITERIOS / NIVELES	Bajo	Medio	Alto	Optimo
Coherencia Interna: Los postulados, teoremas, y enfoques se relacionan entre sí, sin contradicciones.			x	
Coherencia Externa: Existe compatibilidad entre la doctrina que constituye la teoría y el conocimiento establecido en el mismo campo			x	
Comprehensión: Se relaciona con un amplio campo de conocimientos, presenta claridad y coherencia			x	
Capacidad predictiva: Ofrece la capacidad de ofrecer predicciones sobre lo que sucederá			x	
Precisión Conceptual y Lingüística: Claridad y coherencia, expresión estética del trabajo			x	
Originalidad: Aportes significativos y originales: presenta la teoría aportes que ha ofrecido de forma científica			x	
Pertinencia: Grado de pertinencia académica, validez científica y aplicación práctica de la teoría			x	

Al respecto, se valida la teoría como aporte fundamental de su Tesis Doctoral, a ser presentada como requisito para optar el grado de Doctor en Ambiente y Desarrollo de la Universidad Nacional Experimental de los Llanos Occidentales Ezequiel Zamora (UNELLEZ).

En San Fernando de Apure a los veintiséis días del mes de octubre de dos mil veinte.

Printed by Books on Demand GmbH, Norderstedt / Germany